世界の林道

上

酒井 秀夫　吉田 美佳 著

全国林業改良普及協会

はしがき

　本書は、『世界の林道』という大層なタイトルになっていますが、日本林道協会の事業として、2014年度から2016年度にかけて行った、世界の林道の視察調査がベースになっています。各年度の調査地は以下のとおりです。
　2014年度　アイルランド、スロベニア、ポーランド、スイス、トルコ
　2015年度　カナダ、アメリカ合衆国、イタリア、スロベニア、セルビア
　2016年度　スウェーデン、フィンランド、オーストリア、ドイツ、トルコ、オーストラリア、ニュージーランド

　調査は筆者の酒井と吉田が行い、時間と費用を節約するために別々の国に別れて調査したり、同じ現場でも写真と聞き取りなどの役割分担をしたりしながら、情報を集め、原稿としてまとめました。この間、現地で多くの方々のお世話になったことは言うまでもありません。

　本書は、各年度の報告書をベースに、今まで訪れた国々の林道も足して1冊としました（2013年以前は訪問年を記載）。数少ない渡航の機会をとらえて、折々の見聞を足していくとかなりの量になりました。インターネットの普及にも助けられ、時機にも恵まれました。今は公的機関の出版物はほとんどがダウンロード可能です。世界と言っても南米、アフリカなどは行っていませんが、林道の工学的技術の基本は同じです。「林道」という共通言語を駆使して、各国の多くの林業経営者、技術者、研究者と対話をすることができました。そこには各国の事情に合わせた工夫が凝らされています。技術を比較すると、中には相反するように見えることもありますが、基礎は同じで整合がとれています。そもそも技術のごまかしはできませんし、現場は正直です。そこに各地の林道を訪ねて歩く面白さがあります。

本書はもちろん世界の林道の全貌を著したわけではありません。もっと深みのある話題も、どこかに必ず埋もれているはずです。筆者らがまだ知りえないだけです。ただ、事実の一部をヒントに、全体を推し量ることはある程度可能です。本来ならば、その国の森林、林業の歴史から解きほぐし、林道関連の法令なども含めて、今の林道体系がなぜ確立しているかを説明しなければなりませんが、なにぶんにも見学は駆け足にならざるをえず、聞きもらしや理解不足があり、断片的かもしれません。地域住民や林業作業者など、林道の利用者の実際の声をもっと聞かなければなりません。主観と客観を区別しながら、正確に書くことの難しさ、聞き取りの限界も感じています。そこはご容赦いただきたいと思います。

　各国の林道を取り巻く事情も、気候変動や集材技術の革新で変わっていくことと思います。まずは今の世界の林道を概観することで、日本の林道の座標軸を定め、業務や研究テーマの参考にされ、読者それぞれの林道観を構成していただければ幸いです。

2018年7月

著者を代表して　酒井秀夫

注記
　聞き取りや文献等の翻訳に際して、forest roadは林道と訳すことができますが、forest roadより低規格の道は、国によって様々な名称が使われています。原語を記しながら、skidding road（集材道）、skidding trail（集材路）などと訳しました。また、forest managementは、文脈から森林経営、森林管理などと訳しました。

世界の林道 目次

上巻

はしがき …………………………………………………………………… 2

本書をお読みになる前に ………………………………………………… 14

北米

カナダ 1

- カナダの森林・林業 ………………………………………………… 16
- カナダの林道―主要な諸元 ………………………………………… 17
- カナダの林道―耐用年数と廃材の埋設方法 ……………………… 20
- カナダの林道―未舗装道路の課題 ………………………………… 21
- カナダ東部の林道点描 ……………………………………………… 22

カナダ 2　　ブリティッシュコロンビア州

- バンクーバー島の林業の新たな取り組み ………………………… 34
- カウチン地方―森林鉄道遺産とレクリエーション ……………… 34
- カウチンレイク (Cowichan Lake) ―造林試験地 ………………… 36
- ポート アルバーニ市 (Port Alberni) ……………………………… 37
- バンクーバー島キャンベルリバー (Campbell River) 郊外 (1991年) …… 40
- バンクーバー島大学演習林―リテンションシステム …………… 42
- バンクーバー島トフィーノ (Tofino) 郊外―サケ遡上に対する工夫 …… 43
- BC州のBMPとresource road ……………………………………… 45

アメリカ合衆国 1　　アメリカ合衆国の林道

- Low-volume roads (LVR、少ない交通量の道) という概念とLVRの取り組み … 46
- 社会の変化とLVR …………………………………………………… 47
- 林道研究の主要テーマ ……………………………………………… 48
- ジオシンセティックス ……………………………………………… 48
- 路面処理工と土埃のコントロール ………………………………… 50

LVRの資産管理と安全管理	51
道路予算の流れ、道路管理の原則	51
未舗装道路およびグラベル道路の維持	51
LVRの事例	58

アメリカ合衆国2　ウェストバージニア州の林道

ウェストバージニア州の森林・林業概要	63
ウェストバージニア大学演習林の林道―択伐施業と集材路	64
私有林の林道	67
ウェストバージニア州内の国有林林道	70
林業遺産として活躍する森林鉄道	75

アメリカ合衆国3　ケンタッキー州

| ケンタッキー州の森林・林業概要 | 77 |
| スキッダのための集材路 | 78 |

アメリカ合衆国4　その他地域の林道

ワシントン州	81
リテンション集材	84
オレゴン州の林道	85
カリフォルニア州の林道	87
アイダホ州の林道	89
コロラド州の林道(2006年)	90

中央ヨーロッパ

オーストリア共和国

オーストリア共和国の森林・林業	92
オーストリア共和国の林道	93
オーストリア共和国の林道の規格構造	96
集材道等による細部路網	100
架線集材線	102
貯木場	102
オーストリア共和国の林道事例	103
人材育成 ―ウィーン農科大学―	107

ドイツ連邦共和国

ドイツ連邦共和国の林道	110
バーデン＝ヴュルテンベルク州の林道	111
バイエルン (Bayern) 州の林道	113

スイス連邦

スイス連邦と州自治、森林資源	114
林業政策―森林経営目標とフォレスター	115
スイス連邦の林道	116
スイス連邦の林道事例	119

スイス連邦の林道構造基準 ... 123

東ヨーロッパ・南ヨーロッパ

ポーランド共和国

ポーランド共和国の林業概要	126
森林の経営方針―『ポーランド森林法』	127
ポーランド共和国の林道	128
森林作業の事例―クラクフ地域森林管理局	130
林道と伐出作業の事例	132

チェコ共和国

チェコ共和国の森林概要	136

ウクライナ

ウクライナの概要	139
ウクライナの皆伐事例(2004年)	139

イタリア共和国

イタリア共和国の共同体	141
州の林道規程例	143
ロアナ共同体の林道	144

スロベニア共和国 1

スロベニア共和国の森林・林業	153
林道作設指針	155
林道の分類と維持管理 (Potočnikら 2005)	156
林道の多面的利用	160
スロベニア共和国の林道事例	163
林道の多目的利用 ―Pohorje地域―	166
集材道	172

スロベニア共和国 2

- スロベニア共和国の林道の事例 ················· 177
- イドリア地方の林道 ························ 179
- アイスストーム被害木の搬出 ··················· 180
- リュブリャナ近郊の平地林施業現場 ··············· 182
- ヤホルエ(Javorje)近郊の自伐林業 ··············· 184
- トリグラフ(Trigrav)国立公園内の伐採作業 ··········· 185

スロベニア共和国 3　　林道構造と林道規則

- スロベニア共和国の林道構造 ··················· 187

林道の規則(抄) ··························· 191

クロアチア共和国

- クロアチア共和国の森林・林業概要 ··············· 207
- ザグレブ大学演習林 ························ 208

ボスニア・ヘルツェゴビナ

- ボスニア・ヘルツェゴビナの再建 ················· 211
- 森林地帯の地質と林道(2009年) ················· 212
- トラクタ集材とトラック道 ····················· 213

セルビア共和国

- セルビア共和国の森林・林業 ··················· 215
- 森林管理方針と私有林の振興 ··················· 216
- ステートエンタープライズの森林管理 ··············· 217
- 林道の構造基準 ·························· 218
- セルビア共和国の林道事例―Despotovac市のステートエンタープライズ管内 ······ 221

スペイン王国

マツ造林地の林道と集材・造材作業(2012年) ………………………… 223

索引 …………………………………………………………… 227

用語索引 ………………………………………………………… 243

著者紹介 ………………………………………………………… 247

世界の林道 目次 下巻

本書をお読みになる前に …………………………………………… 12

アイルランド・北欧

アイルランド

- アイルランドの森林・林業概要……………………………………… 14
- 国有林の管理会社クェイルチェ社…………………………………… 15
- 林道に対する考え方および林道の区分……………………………… 16
- 林道とは………………………………………………………………… 17
- 環境への配慮…………………………………………………………… 18
- 林道工事の安全………………………………………………………… 20
- 林道構造基準…………………………………………………………… 21
- アイルランドにおける木材輸送……………………………………… 30
- クェイルチェ社の林道事例…………………………………………… 33
- ユニバーシティ・カレッジ・ダブリン……………………………… 39

スウェーデン王国

- スウェーデン王国の森林・林業……………………………………… 42
- スウェーデン王国の林道……………………………………………… 43
- スウェーデン王国の林道規格、構造、技術………………………… 45
- 河川横断………………………………………………………………… 46
- スウェーデン森林研究所(Skogforsk)………………………………… 48
- トラック運搬…………………………………………………………… 49
- マルチモーダル輸送…………………………………………………… 51
- マルチモーダル輸送の事例—INAB社NLCインターモーダルターミナル … 52
- スウェーデン王国の林道事例………………………………………… 55
- チッピング作業現場の林道…………………………………………… 57
- コマツフォレスト(Komatsu Forest AB)製品の作業現場………… 59
- スベアスコグ(Sveaskog)社伐採現場………………………………… 60

フィンランド共和国

- フィンランド共和国の森林・林業 ……………………………………… 64
- フィンランド共和国の林業機械化と輸送の取り組み …………………… 65
- 林道概要 …………………………………………………………………… 66
- 国営企業Metsähallitus …………………………………………………… 69
- フィンランド共和国の林道開設のコンセプト ………………………… 70
- ポリシーミックス ………………………………………………………… 76
- フィンランド共和国の林道事例—ヨーロッパの森林の首都・ヨーエンス …… 77
- 林道事例① 私道林道の事例—構造と工法 …………………………… 77
- 林道事例② 初回間伐の請負現場 ……………………………………… 81
- 林道事例③ 施業地の林道事例—76tトラック通行に対応 ………… 82
- 林道事例④ 機械化造林現場 …………………………………………… 84
- フィンランド共和国の木材輸送の取り組み …………………………… 85

ノルウェー王国

- ノルウェー王国の森林・林業 …………………………………………… 91
- ノルウェー王国の林道区分 ……………………………………………… 92
- ノルウェー王国の林道と架線集材の事例(リレハンメルに近いHonne、2013年) … 93

デンマーク王国

- デンマーク王国の森林・林業 …………………………………………… 97
- デンマークの林道事例(2002年) ………………………………………… 99

オセアニア

オーストラリア連邦

- オーストラリア連邦の森林・林業 ……………………………………… 102
- ビクトリア州の森林・林業 ……………………………………………… 103
- オーストラリア連邦の林道 ……………………………………………… 103

ビクトリア州の林道事例	104
クイーンズランド州ブリスベン郊外の林道事例	108
ビクトリア州の観光と森林鉄道	108

タスマニア

タスマニア州の森林・林業の概要	110
タスマニア州の森林実務規程	111
タスマニアの林道事例	120

ニュージーランド

ニュージーランド林業とカウリ伐	123
ニュージーランド林業の現在	126
ニュージーランドの林道	127
事例① パン・パック社社有林林道	134
事例② ニュージーランドの架線集材現場	142
事例③ ネルソンパイン社の林業経営と林道	146
カンタベリー大学	153
ワイポウア保護林の排水事例	155

オーストラリア、ニュージーランドの運材

トラック運材の重要性	156
道路の安全と設計に関する考え方	156
道路設計の一貫性	157
トレーラの種類	159
運材の安全作業現場と集中造材	163
道路標識	166

パプアニューギニア独立国

| パプアニューギニア独立国の森林概要 | 169 |

中東・アジア

トルコ共和国 1

トルコ共和国の森林・林業 …………………………………… 172
林道の構造基準 …………………………………………………… 173
トルコ共和国の林道事例 ………………………………………… 174

トルコ共和国 2　林道の評価、林道技術

第1回 国際シンポジウム FETEC2016
　―環境に敏感な地域における集材と道路技術― ……………… 175
トルコ共和国の林道技術 ………………………………………… 177

大韓民国

韓国林道の設計基準 ……………………………………………… 181
韓国の林道現場 …………………………………………………… 182

タイ王国

タイ王国のプランテーション林業 ……………………………… 184

ブータン王国

ブータン王国の林道事例(1997年) ……………………………… 189

- まとめ ……………………………………………………………… 194
- おわりに …………………………………………………………… 198
- 索引 ………………………………………………………………… 203
- 用語索引 …………………………………………………………… 219
- 著者紹介 …………………………………………………………… 223

本書をお読みになる前に

1 本書に掲載される国について、国名や各種データの根拠は下記のとおりです。

国名の表記
外務省「国・地域」の国名表記に従っています。

国の概要データの根拠資料
国土面積、首都名および人口：外務省「国・地域　各国基礎データ」
森林面積および森林率：GLOBAL FOREST RESOURCES ASSESSMENT 2015　FAO

国の地図
外務省「国・地域」に掲載される地図をもとに作成しています。

2 掲載写真
とくに断りのない限り、全て著者撮影(著作権保有)の写真を掲載しています。

3 目次および索引
上巻、下巻それぞれに全ての目次、索引を掲載しています(上巻、下巻同一の目次、索引の掲載)。

北米

- カナダ（東部、西部）
- アメリカ合衆国

カナダ

アメリカ合衆国
ワシントン州
オレゴン州　アイダホ州
カリフォルニア州　コロラド州
ケンタッキー州　ウェストバージニア州

北米
カナダ1
Canada

カナダの概要

- 首都　　オタワ
- 国土面積　998万5,000km²
- 人口　　3,515万人
- 森林面積　3億4,706万9,000ha
- 森林率　38.2%

カナダの森林・林業

　森林の94%はクラウンフォレスト（Crown forest）と呼ばれる公有林であり、州に移譲された形をとる。「クラウン」にかつての宗主国英国王室の名残が感じられる。連邦政府にはカナダ林業局（Canadian Forest Service）があるが、主要な林政は州政府により行われる。州有林の管理は伐採許容量に基づいて、伐採権の付与と林地の長期貸与で行われる。私有地にはその旨の標識があり、入口には大体ゲートが設けられている。

　カナダは東部と西部に分かれる。時差も3時間ある。それぞれにカナダの林業界をけん引している半官半民のFPInnovationsがある。FPInnovationsは、2007年にFERIC（Forest Engineering Research Institute in Canada、カナダ森林工学研究所）をはじめ、いくつかの研究機関を新たに統合した研究機関である。モントリオール市郊外とバンクーバ市にあり、それぞれカナダ東部と西部を分担している。FPInnovationsは、アイデアやコンセプトを持っている大学と企業の間に立ち、アイデアやコンセプトをビジネスモデルやソフトウェアのプロトタイプに発展させ、企業とともに試験を繰り返して現場で利用できるものを構築する支援を行う役割を担っている。開発だけではなく、森林情報の測定なども行っており、総合的な研究に基づいて、教育と産業に深く関わっている。

　東部は五大湖を中心に針広混交林が広がり、地形も平坦である。輸出も視野に、国内における産業としての地位を確保すべく、サプライチェーン構築に力を注いでいる。一方、西部はかつて針葉樹の原生林が広がっていたが、今はその2次林も

希少になり、3次林から造林地へと資源が移行しつつある。そこで育種に力が入れられている。しかし、地形が急峻なため、コスト面で東部に押されている。架線集材ではコストが引きあわないことから、架線集材も廃れてきている。それでも林業は基幹産業として人々の記憶にしみこんでおり、かつての橋梁や製材所などの施設の一部はレクリエーションや郷土の教育に活用されたりしている。

カナダの林道—主要な諸元

カナダの林道は、1次（primary）、2次（secondary）、3次（tertiary）に区分されている（Multimondes 2009）。FPInnovationsの聞き取りより、構造と機能を例示すれば以下のようになる。

1次林道：通年利用、25年以上の耐用、幅員8〜10 m、砕石舗装

2次林道：通年利用、耐用5〜15年、幅員7〜9 m、走行路面は良質な天然の砂利またはふるいにかけた材料

3次林道：季節的利用、耐用1カ月〜2年、幅員5〜7 m、走行路面は自然材料または近くの天然の砂利

FPInnovations（東部）のGlen Légère氏によれば、東部のケベック州には林道規程のようなものはないが、西部ブリティッシュコロンビア州（以下BC州）では林道の線形が定められている。BC州林業局より、『Forest Practices Code of British

写真1　1次林道
（FPInnovations提供）

北米

Columbia Act（BC州法森林実務規程）』、『Forest Road Regulation（林道規則）』、『Operational Planning Regulation（作業計画規則）』の解釈のためのガイドブックとして、作業、安全、森林資源保護の必要事項のコンプライアンスに重点を置いて、BC州森林省（B.C.Ministry of Forests）より『Forest Road Engineering Guidebook（林道技術ガイドブック）』（B.C. Ministry of Forests 2002）が刊行されており、同書に基づいてその内容を紹介する。

図1は中傾斜地における典型的な恒久的道路断面である。

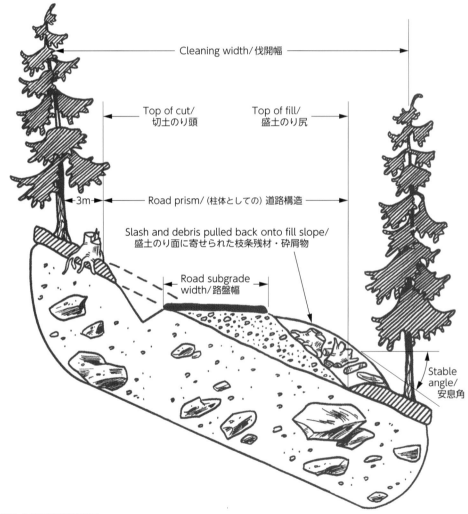

図1　典型的な道路横断面図（『Forest Road Engineering Guidebook』）
伐根、根、丸太は路盤の谷側に置く。
筆者注：図では埋設しているように表現されているが、同書によれば、斜面が十分安定し、河川に流れ込むおそれがなければ、埋めずにのり尻に置いてもよい。

路線および接続部における最適な走行速度と停止距離、視距を決定するために、林道の線形が定められている(表1、2)。

表1　林道の線形の主要な諸元(『Forest Road Engineering Guidebook』)

舗装された道路幅	設計速度(km/h)	最小停止視距(m)	最小避走視距(2車線)(m)	最小半径(m)	最大縦断勾配 好ましい条件下	最大縦断勾配 好ましくない条件下	スイッチバック
4m	20	40	−	15	*1 16% 18%<150m	*4 9% 12%<100m	8%
5～6m	30	65	−	35	*2 12% 14%<150m	*5 8% 10%<100m	8%
	40	95	−	65			
8m以上	50	135	340	100	*3 8% 10%<200m	*6 6% 8%<150m	6%
	60	175	420	140			
	70	220	480	190			
	80	270	560	250			

この表は標準的なもので、現地の状況や使用時期によって変えることができる。
最小停止視距は、2車線または一方通行の1車線ではこの半分。
縦断勾配は特に絶対的な規則はない。状況に応じて最も経済的な勾配とすること。地形や環境、路面材料の侵食抵抗、側溝の土質、耐用期間、道路規格、使用期間(季節性か通年か)、通行車両、通行量も考慮すること。

*1　区間長150m以内に限って18%が許される
*2　区間長150m以内に限って14%が許される
*3　区間長200m以内に限って10%が許される
*4　区間長100m以内に限って12%が許される
*5　区間長100m以内に限って10%が許される
*6　区間長150m以内に限って8%が許される

表2　曲線における路盤(subgrade、図1)の最小幅(『Forest Road Engineering Guidebook』) (m)

曲線半径	3軸トレーラ	低床車両
180	4.0	4.3
90	4.5	5.3
60	5.0	5.8
45	5.0	6.0
35	5.5	6.5
25	6.0	7.5
20	7.0	8.0
15	8.0	9.0

北米

カナダの林道—耐用年数と廃材の埋設方法

国土が広大なカナダでは、耐用年数5年の道路がある（図2）。耐用年数5年の道路では、伐根、根、丸太は路盤に埋め込む（筆者注：日本では産業廃棄物法に反する）。本来、伐根や根、丸太を道路の車両通行部の下の盛土部分に埋設することは、盛土の長期安定性を損なう。埋設された有機物はやがて道路を悪化させ、車両の通行に支障をきたす。轍の水たまりは盛土の水分を飽和させ、損壊へとつながる。したがって、伐根や根、丸太の盛土部への埋設には制約がある。

定期的な点検によって、盛土が安定していて、設計車両の軸荷重を支えうることが示せるならば、耐用年数5年で建設された道路を10年まで延ばすことも可能とされている。盛土が損壊する兆候が見られた場合、あるいは10年経過後は、その道路は永久に使わないか、つくり直すべきとされている。規程（『Forest Practices Code of British Columbia Act』）によって、道路の廃止は、道路の形状を維持し、排水施設を維持修理し、土砂流出物を最小にする技術の適用と同等の技術項目となっている。規程によって、道路の再建(rehabilitation)は、造林方法や集材計画によって実行される造林事項であり、植栽木の成長が良い林地では修復される。廃道にした後は、将来の土地安定性を確保し、廃道の提案責任を取り除くための行政手続きが生じる。

枝条は地面にまき散らすよりは、盛土のり尻の外側に溝を掘って埋設したりする（図3）。埋設する枝条の体積は事前に計算しておく必要がある（筆者注：このような措置は、路盤の不安定化を招くことから20%以下の傾斜地に限定されているが、地形が平坦だからできることであり、日本のように急峻な地形では、地すべりを引き起こしたりする危険がある）。

全盛土（overlanding）は未撹乱の有機質土壌や根株、枝条の上で行われる盛土技術である（図4、5）。目的は、軟弱土壌において、地下水の流れを撹乱することなく、枝条からなるマットの強度を

図2 耐用年数5年の道路の横断面図
（『Forest Road Engineering Guidebook』）

図3 枝条の溝への埋設
（『Forest Road Engineering Guidebook』）
道路に平行に溝を掘って枝条を埋設する。

利用して、盛土の重量を支え、車両の荷重分散を行うものである。マットとなる枝条は、地下水が道路の下を流れるのを助け、マットの下の水分飽和した土壌が砂利などの路盤材料と混ざるのを防ぐ。一般的に全盛土は平らな湿地や低地、勾配20％以下の安定した地表で行われる。側溝は、道路下の自然植生を衰弱させないために、道路から十分離れていない限り、薦められない。

根株の高さが路面の仕上げを邪魔するときは、根株を逆さにし、根が盛土を部分的に支持するようにする(図4)。

盛土技術として、商品価値のない低質材や、丸太、根株、枝を、道路の中心線に直角に置いて、マットを形成する工法がある(図5。corduroy(コール天)、puncheon(たる)と呼ばれる)。このマットは、盛土を下の土壌から分離し、盛土を支える。このようにマットによって分離することが重要である。地山の表層土壌が搬入した砂利材料に浸潤すると、盛土の強度も低下する。丸太は腐敗しないように完全に埋める。

カナダの林道―未舗装道路の課題

FPInnovations(東部)のPhilip Kochuparampil氏によれば、未舗装道路にとって主な課題は以下のとおりである。

安全：ダスト(土埃)、集材抵抗、敷砂利の飛来
環境：渓流への土砂流入

図4　全盛土の横断面図
(『Forest Road Engineering Guidebook』)

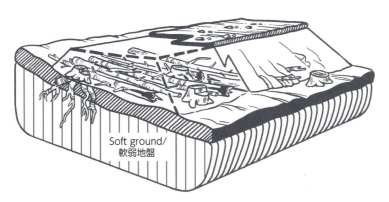

図5　丸太を用いた全盛土の横断面図(『Forest Road Engineering Guidebook』)
ジオシンセティックス(48頁参照)も下の土壌と盛土を分離するのに有用であるが、枝条や岩で破れないように、敷く面を平らにしなければならない。

コスト：維持、再建

輸送コスト：車両の作業コスト（サイクルタイム）

コストに関してできることとして、多交通量（1日250台以上）に対しては、日常のグレーディング（路面の地ならし）、夏場の土埃抑制、3〜5年ごとの砕石砂利の補給がある。

使用する製品として、以下のものがある。

吸湿剤：塩化カルシウム（例DowFlake、LiquiDow）、塩化ナトリウム、塩化マグネシウム

有機物：スルホン化リグニン、植物油

表面安定剤：アスファルト乳剤、セメント

アクリルポリマー

合成織物（シンセティックス）

ベントナイト

FPInnovations（西部）のAlex Forrester氏によれば、BC州沿岸地方の集材可能な木材の53％は傾斜40％以上にある。安全、環境に対して責任を負うことができる急傾斜地の道路を開発する必要があり、ポリマーの表面安定剤、ジオグリッド、ジオシンセティックス、道路の締め固め、スイッチバックなどに研究の関心が向けられている。また、経験豊富な道路技術者の不足も問題となっている。

カナダ東部の林道点描

モントリオール北部の林道

モントリオール北部のモントレンブラン（Mont-Tremblant）地域の林道を紹介する。同地は亜寒帯針広混交林が広がる森林地帯であり、冬はスキー、夏は釣りやキャンプ、ゴルフ、秋は紅葉と、レクリエーション利用も盛んで、リゾートホテルも多い。

森林に近い集落の道路には、土埃が立たないように塩化マグネシウムが撒かれている（写真2）。道路の土埃は身近な課題である。写真3〜5は、森林地帯入口のビジターセンターで見かけた標識である。写真3は山火事危険度を示す標識である。カナダに限らず、他の国でも見ることができる。写真4は通行車両の重量制限やバイク通行が可能なことを示している。写真5は運材トラックの幹線道路であることを示す。トラックは大形でスピードを出しているので、大きな事故にならないように、公道と林道との接続部など、要所で注意喚起されている。米国や豪州でもよく見かける。

写真2　土埃防止に塩化マグネシウムが撒かれている集落の道

写真3　山火事危険度の標識
針が手動で動くようになっており、帰りには針が安全側に動かされていた。

写真4　制限荷重の標識

写真5　ルート標識と運材トラックが通ること およびヘッドライト点灯の注意標識

北米

林道の維持管理

写真6〜9は林道（2次林道）である。写真6は、縦断勾配が平坦で横断面はかまぼこ型である。かまぼこ型とすることによりその場で速く分散排水することができるので、ここの区間は側溝がなく、路側の草が路肩の侵食を抑えている。写真8もよく維持管理されて、路側の草が侵食を抑えている。維持管理は管内で伐採を行っている伐採業者が行い、路側の草刈も含めて絶えず巡視されている。倒木も除去、整理されて、こまめに維持管理がされている。

写真9の林道は、沿線に湧水が見られ、大きな側溝が設けられている。大きな側溝は融雪による増水にも備えている。側溝に草が生えているが、草を生やしたり、このくらいの大きさになると底面に凹凸をつくったりして、流速を緩和することが行われる。

なお、森林が広大で、路線延長も長いカナダでは、GPSと衛星通信が可能な機器は必携である。

写真6　平坦地の林道

写真7　運材トラック
(Glen Légère氏提供)

写真8　伐採業者によってよく維持管理されている林道

写真9　大きな側溝の林道

林道の排水方法

　写真10は写真9の林道で見られた主に山側からの沢水や湧水に対する暗渠である。呑み口、排水口ともにリップラップ（riprap、大石）を用いて、侵食防止を行っている。排水口は暗渠の底面を地山に接触させることで、侵食を防止している。リップラップを用いてチェックダムをつくり、側溝を分断することも行われる（写真11）

　コルゲート管の直径は大きくし、浅く埋設することで排水口の底面を地山と同じ高さにして地山の侵食防止をすることが推奨されている（**写真12、13。アメリカ合衆国1　図7参照**）。コルゲート管上面には布やジオシンセティックスが敷かれ、土砂を分離し、荷重を分散させている。

北米

写真10　写真9の林道で見られた湧水に対する暗渠の排水口
スロベニア1の写真10でも排水口の両脇の侵食に悩まされている。

写真11　リップラップを用いたチェックダムによる側溝の分断
チェックダム上流の側溝の水は暗渠で排水される（写真10）。

写真12　直径を大きくして浅く埋設したコルゲート管
コルゲート管の直径を大きくし、浅く埋設することで排水口の底面を地山と同じ高さにした暗渠。

写真13　浅く埋設したコルゲート管の路面
写真12を上から見る。浅く埋設されているため、暗渠箇所が盛り上がっている。コルゲート管上面には布やジオシンセティックスを敷いて土砂を分離し、荷重を分散させている。暗渠を埋設するときは、土台をしっかり締め固める。

　写真14、15は橋梁の制限荷重の標識である。写真14の黄色と黒の縞模様（虎マーク）は橋梁の幅と位置を示している。

写真14　橋梁の制限荷重標識

写真15　橋梁の制限荷重標識

3次林道

写真16、17は2次林道から派生している3次林道である。耐用年数が短いだけで、幅員は決して狭くない(17頁参照)。入口には番号が振られている(**写真17**)。3次林道の入口は林地から出た水を2次林道の側溝に排水するために暗渠を設けることが多く、コルゲート管が用意されている(**写真18**)。

写真19はベール(bale)と呼ばれる藁の束で、水路を封じるのに用いたり、ほぐして撒くことで路肩やのり面の侵食防止などに広く用いられている(**写真20**)。

写真16　3次林道

写真17　3次林道入口と林道の番号
Fは伐採業者の識別記号。

写真18　暗渠用のコルゲート管

写真19　藁の束(ベール、bale)

写真20　路肩の侵食防止に用いられている藁(ヘイ、hay)

ベールをほぐして路肩の侵食防止などに用いられる。ほぐしたものをヘイ(hay)と呼ぶ。

北米

広葉樹の択伐施業

3次林道の先では、択伐が行われ、広葉樹対応のフェラーバンチャ(**写真21**)による伐倒、グラップルスキッダによる全木集材(**写真22**)、ストロークデリマによる造材(**写真23**)のそれぞれワンマン作業が行われていた。3次林道の奥までトレーラが列をなして入ってくるので(**写真24**)、少ない機械で効率的な作業が行われている。

写真21 広葉樹対応のフェラーバンチャ
刃は丸鋸チップソー。

写真22 グラップルスキッダによる全木集材

写真23 ストロークデリマによる枝払い玉切り

写真24　トレーラによる運材

　写真25は3次林道工事現場で使用されている重機である。バケットは爪が並び、整地するのに重宝している。森林内には広大な砂利採取場があり(**写真26**)、舗装材料の供給を支えている。

写真25　林道作設用の重機
バケットの下の棒は土を押さえるのに使われる(下巻：ニュージーランド　写真14参照)。

写真26　砂利採取場
(下巻：タスマニア119頁、ニュージーランド　写真41参照)。

北米

アルゴンキン州立公園内の択伐施業(2005年)

　トロント市から北に280kmほど行くと、アルゴンキン州立公園(Algonquin Provincial Park)に入る。30年回帰の択伐施業が行われていた(**写真27～31**)。

写真27　択伐前

写真28　択伐後
30年後は写真27のように戻り、今回残された上層木が伐られ、現在の下層木がその次の30年に上層木となって残る。

写真29　林道上を行く広葉樹の玉切り機

カナダ1

写真30　広葉樹（カエデやカバ）の玉切り作業

グラップルでつかんだ材を玉切り機の鉄板に当て、丸鋸で鋸断する。丸鋸を前後にスライドさせることで玉切り長を調整することができる。丸鋸にはチップソーがついている。小径木を数本まとめて玉切りすることもできる。このあと丸太はクレーン付の7軸フルトレーラ（写真31）で製材所へ運ばれる。芯に腐れがあっても、製材所で板が採れるようであれば1等材になる。

写真31　クレーン付7軸フルトレーラ

引用文献

B.C. Ministry of Forests (2002) Forest Road Engineering Guidebook. For. Prac. Br., B.C. Min. For., Victoria, B.C. Forest Practices Code of British Columbia Guidebook.

MultiMondes (2009) Manuel de Foresterie. 1800p. MultiMondes.

北米
カナダ2
ブリティッシュコロンビア州

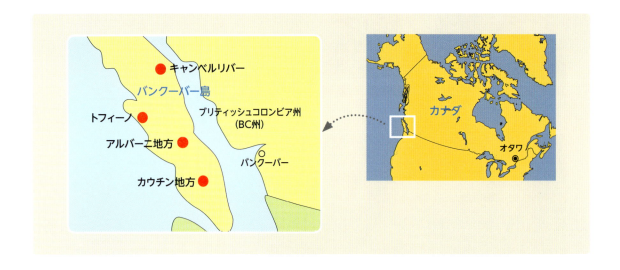

バンクーバー島の林業の新たな取り組み

　カナダ西部のブリティッシュコロンビア州（BC州）は東部に比べて地形が急峻で、林相も針葉樹が主体である。かつては架線集材が盛んであったが、東部に比べてコストが合わなくなってきたため、林業は衰退している。
　バンクーバー島カウチン（Cowichan）地方とアルバーニ（Alberni）地方の現在の林業の取り組みを紹介する。

カウチン地方
―森林鉄道遺産とレクリエーション

　写真1はキンソル構脚橋（Kinsol Trestle）である。キンソルという名称はキング・ソロモン銅山にちなむ。かつての構脚橋を2007年にＢＣ州政府が復活に理解を示し、Trans Canada Trail、Island Coastal Economic Trust、Cowichan Foundationなどがプロジェクトを組んで寄付を集め、2011年に復元がなった。往時の姿を今に伝えるとともに、ハイキング、サイクリング、乗馬のための活動的なレクリエーションの場として、個人、家族、グループで多くの人が訪れている。利用料は無料で、バンクーバー島の西海岸から東海岸まで、世界一長い散策路の一部をなしている。
　鉄道はかつて銅や木材の輸送にも使われ、島のみならずBC州の経済を支えていた。鉄道は1911年に私有鉄道として建設が始まったが、すぐに経営が行き詰まり、1917年からカナダ国有鉄道が建設を引き継いだ。1918年に幹線鉄道ではなく森林鉄道（logging railway）として重点が移され、当時、大手木材会社のCanadian Western Lumber Companyが出資に加わっている。構脚橋の最後の鉄道運行は1979年である。

写真2、3は構脚橋に通じる散策路入口の案内標識である。散策路の途中で見かけた標識には、「あなたの行動は地域の住民に監視されており、不審な行動は警察に通報される」ことが述べられており、公共の中の自分というモラルを幼少時からたたき込まれている。家族のサイクリング利用も見かけるが、写真4はマウンテンバイクのためにのり面に設けられたコースである。

森林鉄道とレクリエーション

写真1　ハウトラスのキンソル構脚橋
高さ44m、長さ188m。オリジナルは1914年に工事が始まったが、折しも第1次世界大戦で工事が中断し、1920年に完成した。架線を渡して木材を吊って建設された。豊富な木材資源を生かして、大量の木材が使用されている。このような構脚橋は、北米の至るところに大小あった。

写真2　案内標識
「安全は自己の責任で、通行を楽しむとともに他人の通行にも注意を払い、道からはずれることなく、私有地に気をつけること」などが述べられている。

北米

写真3　散策路入口の案内標識
シンプルでわかりやすい。法律738条に依拠していることが明記されている。上から3番目は利用時間が日の出から日没までであることを意味する。

写真4　マウンテンバイクのためのコース
右は案内していただいたDillon Chrimes博士。

カウチンレイク（Cowichan Lake）
—造林試験地

　BC州林業局のカウチンレイク森林研究所（Cowichan Lake Forest Research Station）のJohn Russell博士に造林地（**写真5**）の中の試験地を案内いただいた。この地方の主要な造林樹種はレッドシダー（*Thuja plicata*）、イエローサイプレス（*Callitropsis nootkatensis*）であり、両樹種とも1,200本/haの密度で植林されている。この地域はシカ（elk）の食害が大きく、博士は食害に強い育種に取り組んでおられ、選抜したテルペン成分の強い品種の大苗は、植栽して3年経過しても食害を免れており、効果が表れていた。**写真5**の稜線付近は原生林（old growth）が残っている。稜線部の原生林は、道を開設するとコスト高になるので、ヘリコプタで集材した。

　写真6は隣接する伐採跡地である。枝条残材が積まれているが、この後、焼却される。

写真5　新植地
稜線に原生林（old growth）が残っている。その下は2次林、さらに造林地が広がる。

写真6　林道と皆伐跡
奥に見える皆伐跡地に集材路の跡が見える。植え付けの地拵えのために枝条残材が積み上げられ、乾燥後焼却される。ガスや石油などの天然資源が豊富な北米では木質バイオマス資源に対する逼迫感はなく、このような焼却が行われているが、カリフォルニア州では、大形の移動式チッパーを用いて、枝条残材のバイオマス利用への取り組みがなされている（88頁参照）。

ポート アルバーニ市(Port Alberni)

表1はポート アルバーニ市の労働人口である。BC州全体とも傾向は似ている。林業に製材、製紙産業も加えると、1,705人、21.8％で、林業が衰退しているとはいえ、林業・林産関係のウェイトが高い。ちなみにこの割合はBC州全体では4.7％である。

大形トレーラ、水上運材

市内では木材を積載した大形トレーラや製材品を積載したトレーラ、製紙工場に向かうチップ車を見かけることができる（**写真7、8**）。ポート アルバーニ市は、深い入り江に面し、バンクーバー島の脊梁部に位置する。入り江を利用してタグボートによる水上運材や水中貯木が盛んに行われている（**写真9**）。島から本土のバンクーバー市に移動する機上から、海洋筏やチップ運搬船を見ることができる（**写真10、11**）

北米

表1 ポート アルバーニ市の労働人口(2001年)

業種	労働人口(人)	割合(%)
農業	100	1.3
林業	405	5.2
漁業・狩猟	55	0.7
建設	330	4.2
製造業	1,600	20.5
内　食品	200	2.6
製材	735	9.4
製紙	565	7.2
輸送・倉庫	210	2.7
教育	530	6.8
医療・福祉	895	11.4
ホテル・飲食業	635	8.1
公務員	520	6.6
その他	2,540	32.5
計	7,820	100

(出典：Macauley & Associates Consulting Inc. (2007) Review of the Port Alberni Forest Industry)

写真7　大形トレーラ
ケベック州で見たのと同形サイズである(31頁写真24)。

写真8　製材品を積んだ2両連結トレーラ(下巻：159、161頁参照)

バンクーバー島の水上運材

写真9　タグボートによる水上運材
向こう岸に水中貯木が見える。斜面には伐採跡地が遠望できる。景観を配慮してか保残木が設けられている。

写真10　島から本土に向かうタグボート(左端)に曳航される海洋筏

写真11　連結されたチップ運搬船

北米

バンクーバー島キャンベルリバー(Campbell River)郊外(1991年)

写真12　幹線林道(1次林道)
横断面がかまぼこ型になっている。

写真13　幹線林道での待機
運材トラックとは無線で位置を知らせ合っている。

写真14　支線林道
横断面はかまぼこ型ではない。

写真15　写真14と同じ林道の排水暗渠

棒を立てて呑み口と排出口の位置を示している。集材はタワーヤーダによるハイリード式。

写真16　皆伐現場の林道と林道上のスーパーシュノーケル

林道というより作業道に近い。使われている機械はスーパーシュノーケル(supersnorkel)という名称のロングブーム。50mの長さのブームに吊り下げられたグラップル搬器で林道沿いの集材を行う。ブームはキャビンとともに旋回することができる。製作はMadill社で，現場を案内いただいたMacMillan Bloedel社には当時6台導入されているとのことであった。hoechuckerという名称のグラップルローダが林内で材の仕分けを先行して行っている。

写真17　船への積み込み土場

バンクーバー島では水運が重要な役割を果たしている。

バンクーバー島大学演習林
―リテンションシステム

　バンクーバー島大学演習林（University of Vancouver Island）を案内していただいたBill Beese教授は、ウェアーハウザー（Weyerhaeuser）社勤務時代、リテンションシステム（retention system）を体系的に施業に取り入れていた。リテンションシステムとは、伐採区域において、更新を促すことよりも、長期間にわたって生態的多様性を維持するために、個々の樹木や樹木群を保持することを意図した造林システムである（**写真18**）。BC州に最初に導入された（BC, Ministry of Forests 2002）。伐開面積の半分以上が保残木の樹高以内に入るようにする。

写真18　演習林皆伐跡の
　　　　　　リテンションシステム

写真19　演習林のよく手入れされて
　　　　　　いるダグラスファー
　　　　　　（*Pseudotsuga menziesii*）
　　　　　　人工林
土壌や下層植生が細かく分類されて、学生実習に活用されている。

バンクーバー島トフィーノ(Tofino)郊外
―サケ遡上に対する工夫

バンクーバー島西海岸に面するトフィーノは温帯雨林が形成され、海洋から陸地にかけて野生動物が多く生息する。小河川にもサケが遡上する。そのため、森林施業にも十分配慮がなされ、河川を横断する道路も工夫がされている。

写真20　サケの遡上に配慮した暗渠
カナダの多くの河川にはサケが遡上する。写真は公道であるが、サケの往来を阻害しないように暗渠に配慮がされている。林道も同様である。左上には写真22の標識が見える。

写真21　写真20の昔の暗渠
これではサケが遡上できなかった。

北米

写真22　サケが遡上する河川であることを示す標識

写真23　サケの産卵等のために
　　　　丸太で一部覆った河川

サケの産卵等のために丸太で河川を一部人工的に覆っている（筆者注：日本の急傾斜地のように土石流等のおそれのあるところでは導入に際して注意が必要と思われる）。自然観察路のWild Pacific Trailにて。

写真24　写真23の奥で見られた
　　　　リテンションシステム

皆伐地では生物多様性のために保残木を積極的に残そうとしている（リテンションシステム）。残された枯れ木をsnagと呼んでいる。

BC州のBMPとresource road

　BC州の林道は、BMP（Best Management Practices）（**アメリカ合衆国1 46頁参照**）が通底にある。BMPは、科学に基づいて環境に対して求められる基準や目的を満たすものである。開発行為は、法令や規則、政策を遵守しながら計画、実行されなければならないが、BMPはその助けとなる。BMPは州や地域の実情に沿ったものであり、州レベルのものは州に適用されても地域の特殊な場合にはそぐわないこともある。同様に地域レベルのものは他の地域には適用できない。BMPは、水質の他に、釣りや狩猟、渓畔林、動植物の生息地、人家に危害を与えそうな木の除去など（以上、BC州環境省（BC Ministry of Environment）ウェブサイト）、環境全般にわたる。

　最近、カナダでは、林道（forest road）という用語は使われなくなり、資源道（resource road）に含まれるようになっている。カナダでは、林産物も天然資源に含まれる。

　Resource Road Program（RRP）は、産業の成長を支援し、公共性のある車両のために、天然資源、農産物や林産物、加工品などの貨物や人員を運ぶ地方道（local municipal road）に資金提供している。このプログラムにより、アルバータ州の多くの地域で、交通量が増えている（アルバータ州政府（Government of Alberta）ウェブサイト）。

　カナダ天然資源局（Natural Resources Canada）と持続的林業の主導的保全と集落の共同補助金（Sustainable Forestry Initiative Conservation and Community Partnerships Grant Program）の資金で、FPInnovationsが『Resource Roads and Wetland（資源道と湿地帯）』（2016）を出版した。湿地帯でのジオグリッドやジオセル、ジオテキスタイルを用いた路盤工や（**アメリカ合衆国1 48頁参照**）、各種排水施設が紹介されているが、forest roadという用語は使用していない。

　BC州森林安全協議会（BC Forest Safety Council、BCFSC）は、資源道に不慣れなレクリエーション利用者や業者のために、『Resource Road User Safety Guide（資源道利用者の安全指針）』（2013）を発行している（BC Forest Safety Councilウェブサイト）。

引用文献

B.C. Ministry of Forests（2002）The Retention System: Maintaining Forest Ecosystem Diversity. 6p.

北米
アメリカ合衆国1
アメリカ合衆国の林道
United States of America-1

アメリカ合衆国の概要

- 首都　　ワシントンD.C
- 国土面積　962万8,000㎢、50州・日本の約25倍
- 人口　　3億875万人
- 森林面積　3億1,009万5,000ha
- 森林率　33.8%

Low-volume roads（LVR、少ない交通量の道）という概念とLVRの取り組み

Low-volume roads（LVR）とは

　Gordon Keller・James Sherar著『Low-Volume Roads Engineering』(US Agency for International Development（USAID）2003)によれば、同書はもともとはラテンアメリカ用にスペイン語で刊行されたものであるが、森林資源保護にとっても価値があり、LVRについての実用的なアドバイスとして世界に通用するであろうとのことから、Conservation Management Institute（CMI、保全管理研究所）とUSDA Forest Service（米国林野庁）が英語版を作成することになった。

　同書によれば、Low-volume roads（LVR）とは、「資源を田舎や未開発地域から運び出したり経営したりするのに典型的に建設される輸送システムの1つ。大きな軸荷重を伴うが、少ない交通量に対して設計される。一般的に1日平均400台以下」と定義されている。設計速度は普通時速80km以下である。

　高速道路と市街地の道路を除く郊外の道はほとんどLVRに含まれ、林道もLVRの1つと位置付けることができる。実際、2015年7月12〜16日にアメリカ合衆国ペンシルバニア州ピッツバーグで開催されたLVRに関する第11回国際学会（11th International Conference on Low-Volume Roads）（主催は交通研究委員会（Transportation Research Board、TRB）、LVR常設委員会）では、米国林野庁の職員が大学工学部系の発表に並んで、林道の発表を行っている。なお、そこでは「林道およびLVR」という表現がされている。

道路管理のBMP
(Best Management Practices)

　同書の序章によれば、農場から市場への道、コ

ミュニティをつなぐ道、伐採現場や鉱山のアクセスのための道は、地方にとって重要な輸送システムである。これらの道は、物やサービスの流れを改善し、開発を促進し、公共の健康や教育を助ける。しかし、同時に道路や撹乱された地域は土砂を流出し、地域の環境や水質、水生生物、ひいては野生動物、植生、社会構造、景観、財政、土地生産に影響を及ぼす。道路は環境への負の影響を少なくするように建設し、よく計画、配置、設計、工事すれば、環境への影響は小さく、維持補修の必要が少なければ、長期的にはコスト面でも効果的である。

道路は水質や生物的環境も保全しなければならない。"Better roads, cleaner streams（良質な道路ほど、河川も澄んでいる）"の格言のとおりに、どの道路もよく排水され、安定した運転路面、安定した勾配、使用者へのインパクトが最小の道でなければならない。地域の経験や知識がその地域の道路にとって重要である。Best Management Practices（BMP）がこれらの原理となっている。BMPは米国における河川等の水質汚濁防止に関する環境対策プログラムである。BMPは同書で折に触れて語られ、同書も道路管理のBMPに関連している。

ここでは、上記学会発表をもとに（以下学会）、まずは林道およびLVRの研究や取り組みの動向を紹介する。

社会の変化とLVR

LVRと農山村

道路工学の研究は古くから行われ、それこそローマ時代にさかのぼるが、自動車が普及し、社会も大きく変化している。米国では、農産物の輸送にLVRは欠かすことができない。近年はシェールガスの掘削が盛んであり、ガス採掘に伴う公共道路や未舗装道路への影響も大きい。LVRは行政の関心も高く、学会ではアイオワ州、イリノイ州、オハイオ州、ニューヨーク州、バージニア州、ペンシルバニア州、ルイジアナ州、ワイオミング州の東部8州からそれぞれの路網状況について代表者より報告があり、路網の整備と同時に橋梁の整備も普遍的な課題となっていることが指摘されていた（**51頁で後述**）。

LVRは農山村に多く存在し、地域の人々の生活に欠かすことのできないインフラとなっている。ペンシルバニア州立大学Steve Michael Bloser氏によれば、ペンシルバニア州では、道路の54%が2,500以上の自治体によって管理され、6万7,000マイル（約10万7,800km）におよぶ。地方の自治体が管理する道路の90%以上が未舗装のLVRである。

広域に広がる生活道は十分な維持管理を行うことができないため、安くて壊れない道路である必要があり、地域住民の参加を得て地元で管理できるかどうかが重要である。限られた予算の中では、誰が道路を管理し、誰が低コストで維持補修をし、路網に関わる費用をどのように下げられるかが最も大きな課題である。後述するLVRの工法とも関連し、維持管理の問題は林道にも通じるものがある。

道路の環境分析—EA

低規格と高規格の道路には、環境へのインパクトに関してトレードオフの関係がある。EA（Environmental Analysis Process、環境分析）は、道路建設者、地方行政、コミュニティに多くの利益をもたらす。EAは住民とのコミュニケーションが重要であり、プロジェクトの情報を公にしたら、関係するすべての利害関係者で早い時期に行うのが良い。**表1**にEAを行う際に有用な8ステップを掲げる。

さまざまな輸送車両があるが、AASHTO（American Association of State Highway and Transportation Officials、米国州道路交通運輸担当官

協会)は1993年の『Guide for Design of Pavement Structures(舗装設計指針)』(AASHTO1993)で、軸荷重を標準にすることにした。学会ではトラックタイヤのタイプによる路面への荷重の伝わり方に関する実測と有限要素法による分析結果の報告があった。

林道研究の主要テーマ

学会では、土質工学や道路工学の観点から、粘土地帯の工法、粘土地帯で砂を混ぜた工法、細かい砂地帯における工法、石灰とセメント処理、フライアッシュセメントなどに関する報告があり、ライフサイクルコスト分析(Life-Cycle Cost Analysis、LCCA)の観点からの分析も同時に行われていた。林道における研究では、ジオシンセティックス(geosynthetics)と路面安定に対する取り組みが主要な関心事、テーマになっている。ジオシンセティックスとは、建設用の石油化学繊維材料であるジオテキスタイル(geotextiles、繊維シート)やジオ膜(geomembranes)などの総称である。ジオシンセティックスを使用することによって道路工事による気候変動への影響をおさえ、湖水の酸性化、富栄養化のような環境負荷も軽減するとされている。

ジオシンセティックス

北米ジオシンセティックス協会(North American Geosynthetics Society)の発表によれば、グラベル道路(砂利舗装道路)とジオテキスタイルを使用した道路の建設単価は、1970年に比べて1990年以降グラベル道路のコストが急増し、2.5倍以上にまでなっているのに対し、ジオテキスタイルの方はむしろコストダウンが図られ、1970年当時とほぼ変わらない。ジオシンセティックスを使用すれば土の節約にもなる。

例えば、8,000tの残土が出れば、40台のトラックが必要になるが、10マイル運ぶとなると、1.2t以上のCO_2が排出される。残土を減らすことに

表1 EAの8ステップ(『Low-Volume Roads Engineering』)

1.	プロジェクトの確定	プロジェクトの目的と必要性の確定。フレームワークのゴールを定める
2.	見通し	課題、機会、要求されている活動の実行の効果を確定する
3.	データの収集と解釈	プロジェクト実行の予想される効果を確定する
4.	代替案の設計	代替案の合理的な範囲の設計。少なくとも3つの案を考える。何もしないという選択肢も含まれる。負のインパクトの緩和も考慮する
5.	効果の評価	各案を実行したときの物理的、生物学的、経済的、社会的影響を予測、記述する。直接的、間接的、相互的の3タイプの影響がある
6.	代替案の比較	各代替案の予測された影響を評価基準に従って測定する
7.	決定とパブリックレビュー	望ましい案の選択。影響を受け、関心のある公共から評価とコメントを受ける
8.	実行とモニタリング	選択された案を実行し、結果を記録する。モニタリング計画を立てる

より800tの瀝青材料の輸入を節減できれば4tのCO_2を節減でき、合計5.2tのCO_2節減になるとのことである。さらにジオシンセティックスを使用した場合、他の資材を減らすことによる投資コスト節減、建設時間の短縮による建設コスト節減、ライフサイクルコストの節減、CO_2削減などの効果があり、コストやCO_2排出量に関する研究が詳しくなされている。

米国国有林のジオシンセティックス

米国林野庁は、43州にわたり175の国有林と草地を管理経営し、総面積は1億9,300万エーカー（約7,810万ha）、道路は37万8,000マイル（約61万km）におよぶ。ジオシンセティックスは林道およびLVRに広く使われている。ジオシンセティックスの利用によって林道建設を促進し、コスト節減にも効果的である。

米国国有林が森林で用いているジオシンセティックスとして、ジオテキスタイル、ジオグリッド（geogrids）、ジオネット（geonets）、ジオセル（geocells）、ジオ膜、ジオパイプ（geopipe）、ジオフォーム（発泡スチロール、geofoam）、ジオ繊維（geofibers）、ジオコンポジット（geocomposites）がある。中でもジオテキスタイル、ジオグリッド、

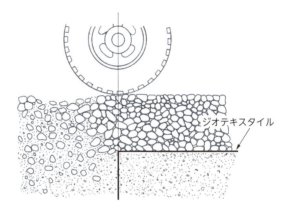

図1　ジオテキスタイルによる軟弱土との分離
（『Low-Volume Roads Engineering』）

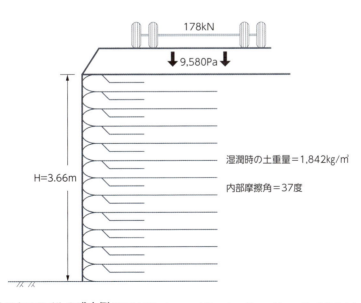

図2　ジオテキスタイルの盛土例（原図は『Design and Construction of Low Cost Retaining Walls』）
筆者注：この図は修正されて、Keller G, Wilson-Musser S, Bolander P, Barandino Jr.V『Stabilization and Rehabilitation Measures for Low-Volume Forest Roads』（UDSA Forest Service 2011）にも引用されている。

写真1　ジオテキスタイルによる路面工
(『Environmentally Sensitive Road Maintenance Practices for Dirt and Gravel Roads』)

ジオセル、ジオコンポジットを用いて、軟弱土と分離させて路床の補強（**図1**、**写真1**）、リップラップ（riprap、大石）の後ろの濾過、平坦地での排水機能の強化を、ジオテクニカルエンジニアリングとして林道に応用している。

対象は、カルバート（暗渠）、車で渡れる河床路、路面排水、のり面安定（擁壁設計、斜面の安定、岩の崩落止め、つぎあて）、材料管理（路床安定、舗装、チップ被覆、土埃の低減）、橋梁（基礎、洗掘保護）、ダム、鉱山、侵食防止などである。

補強土壁（mechanically stabilized earth、MSE）として、ジオシンセティックス擁壁、軽量擁壁、木材表面壁などがある（**図2**）。

路面処理工と土埃のコントロール

路面改良方法の選択肢

路面改良の方法として、道路のグレードを上げる、道を休ませる、細かい土の保護（ダストコントロール）、路面安定工の選択肢がある。

未舗装道路の化学処理は1907年から始まり、現在、米国だけで200以上の製品がある。それぞれ知的所有権があり、つくり方を知ることは難しい。カリフォルニア大学デービス校のDavid Jones氏はこれらの分類を行っている。塩化カルシウムとアスファルト乳剤だけが公式にASTM（American Society for Testing and Materials、米国材料試験協会）／AASHTOの製品仕様になっている。環境や応用を考えると製品の開発は限られている。

土埃のコントロール（dust control）

米国では道路の土埃が問題となっている。ペンシルバニア州Dirt & Gravel Road Program（土道・砂利道計画、DGR Program）では認められていないが、一般に未舗装道路、グラベル道路で使われているダスト抑制剤（dust suppressant）として塩化物と塩水があり、空気中の水分を吸収し（吸湿性）、氷点を下げ、蒸発速度を抑える。

SCC（State Conservation Commission、ペンシルバニア州（天然資源・環境）保全委員会）によってDGR Programに認可されたダスト緩和剤（dust palliative）として、Ultra Bond 2000、Pennzsuppress D、Coherex（Dust Bond）、Dirt Glue、DustClear Gがある。

米国林野庁のMark Lewis Russell氏は、舗装材料の砂利が少ない地域、細砂や湿地帯では、砂質道路の表面安定に木くずや製紙工程で生じる廃棄物を使う事例を発表している。同じくPeter Bolander氏は、広大な路面の舗装材料の確保が難儀している地域では、路面に骨材の付加を推奨している。しかし、結局すべては予算によるとのことである。

LVRの資産管理と安全管理

LVRの資産管理

アイオワ州立大学では、輸送インフラの老化と劣化が進行していることから、LVRの橋梁の資産管理計画のために、州内のすべてのLVRの橋梁の危険判断調査を行った。橋梁の作成者や時期が不明であったり、老朽化に加えて現在の用途にそぐわない規格になっている場合も多いとのことである。この問題は日本でも顕在化するものと思われる。

管理責任、安全ガイド

訴訟社会として知られるアメリカ合衆国では、道路で起こった事故において、誰が責任を負うかという問題は決して突飛な話題ではなく、学会では、関係者は弁護士を雇っておくこと、管理作業の内容やチェック項目など道路に関するすべての管理作業を文書化して残しておくことが推奨されていた。

地方の道路所有者のための安全計画の手引き書(『Developing Safety Plans – A Manual for Local Rural Road Owners』)も用意されている。また、安全標識の設置ガイドとして『Sign Installation Guide』が発行されている。

道路予算の流れ、道路管理の原則

ペンシルバニア州立大学Steve Michael Bloser氏によれば、米国の道路予算の流れは次のようになっている。予算は州レベルのSCC、地区レベルのCD(Conservation District、環境保全地区)、地域(local)レベルの3段階からなる。SCCは農務省管轄で、CDに予算を割り当て、品質管理を行う。CDは予算を受け取り、地域の申請者とともに計画を立て、補助金を与える。事業完了後検査を行い、年1回州に報告する。地域レベルの補助金受領者は公道を所有している。市町村道が多いが、ペンシルバニア輸送局(PennDOT)や、漁業、狩猟関係の道もある。

道路管理は次のESPM(Environmental Science, Policy and Management、環境に対する科学・政策・管理)の原則に則って行う。
1．集中排水を避ける
2．流量を最小にする
3．集中した排水の影響を少なくする
4．表面侵食を避ける
5．道路維持のコストと頻度を少なくする

未舗装道路およびグラベル道路の維持

今までのLVRの維持方法では侵食を起こし、侵食はさらに頻繁な維持補修を必要としていた。何とかしようということで、Steve Michael Bloser氏は、LVRの維持管理について、『Environmentally Sensitive Road Maintenance Practices for Dirt and Gravel Roads(未舗装道路および砂利道における環境的に要注意の道路の維持作業)』を取りまとめ、斬新な取り組み事例を紹介している。

かまぼこ型横断面による分散排水

写真2は両側の側溝で排水している従来の道路であるが、常にメンテナンスを要していた。写真3はこの道路を6フィート(約1.8m)盛り上げて側溝と暗渠を除去し、分散排水(sheet flow)することを試みたところである。そのための土は、残土を利用したり、盛土をなくすなどして調達する。

3タイプの道路横断面を図3に示す。横断面をかまぼこ型にすれば、両側に分散排水することができ、周囲の植生にとっても望ましい。

グレーダによる地ならしによって路肩に畝ができてしまうことがある(スロベニア1 写真11参照)。路肩の畝は、道路に水をためたり、路面からの横断排水が側溝に到達するのを邪魔したりす

北米

写真2　分散排水の改良前
(『Environmentally Sensitive Road Maintenance Practices for Dirt and Gravel Roads』)

写真3　分散排水の改良後
(『Environmentally Sensitive Road Maintenance Practices for Dirt and Gravel Roads』)

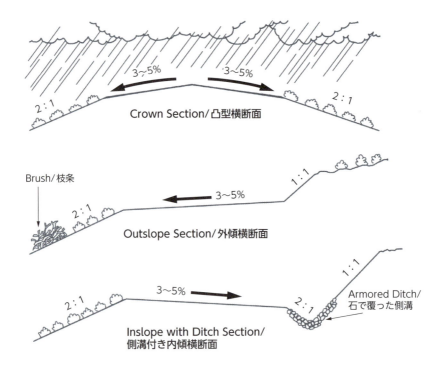

図3　道路横断面の3つのタイプ(『Low-Volume Roads Engineering』)
筆者注：図中2:1は日本では1:2と表記する。

るので、この畝を取り除く。なお、ニュージーランドでは、あえて谷側路側に畝をつくり、暗渠排水も行う（下巻：ニュージーランド 図3、写真23参照）。

かまぼこ型横断面は2車線で用いられる。路面が広いと路面流量が多くなるからである。排水がうまくいかない箇所があっても、累積の路面侵食は少なくて済む。なお、運転手は道路の中央を走行する傾向があるので（オーストリア 写真3参照）、すべりやすい路面や凍結する路面にも用いられる。1車線では轍が生じやすいので使われない。

分散排水技術いろいろ

写真4は斜面上方の高い位置からの排水で、側溝をつくらず、縦断勾配は下方に分散排水することができる（disperse flows）。縦断勾配は8％以下とする（筆者注：勾配が急になり、カーブ外側が低いと、材を満載した車体屈折式車両やトレーラは下りの際に後部荷台が遠心力によって外側に振られて転倒の危険が高まる）。道路下が崩壊のおそれのあるところは避ける。

図4は幅広の溝（broad-based dip）による波状縦断勾配排水（rolling dip）である。溝の下を盛り上

写真4 外側への分散排水（outsloped）
（『Environmentally Sensitive Road Maintenance Practices for Dirt and Gravel Roads』）
筆者注：この排水方法は、わが国でも大阪府の指導林家大橋慶三郎氏の山林ですでに行われている（写真5）（酒井2009）。

写真5 扇状の分散排水
勢いがついて下ってきた水をカーブの遠心力を利用しながら長い区間にわたって扇状に振り分ける。排水された水は砂利の間を水平に伝いながら近くの沢に排水される。

北米

げて、わずかに外側に傾斜した溝から路面水を外側に分散排水する。幅の広い溝は道路を横切って水路となる。車両の走行速度を要求されない縦断勾配10％までのLVRに適用される。渓流を横切る前に設置して、路面水を周辺の植生に誘導するのに効果がある（**下巻：タスマニア 図10参照**）。

ゴム板横断排水（belt diversion）は、ゴム板を4インチ（約10cm）以上地上から出さないようにする。高く出ていると、タイヤでゴムが強く曲げられてしまうからである。

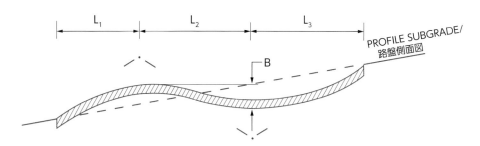

図4　波状縦断勾配(broad-based dip, rolling dip)
（『Environmentally Sensitive Road Maintenance Practices for Dirt and Gravel Roads』）
斜線部の材料の指定はないが、水が流れる部分は、3〜4インチ（約7.6〜10cm）の石で底を補強するのがよいとされる。

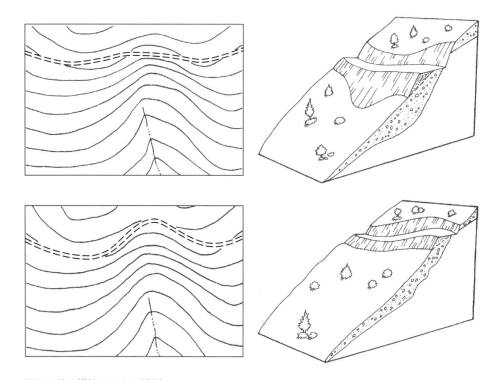

図5　谷を横切るときの線形
（『Low-Volume Roads Engineering』）

谷を横切るときの線形

図5は谷を横切るときの線形の取り方を説明したものである。谷部の路面の高度を上げることにより、土工量を少なくすることができる。波状縦断勾配に関して、大橋慶三郎氏は同じく谷を上げて尾根部を下げることの効用を説いているが（図6）（大橋 2015）、米国にはこの発想がない。

側溝沈殿物削減

側溝を長い区間にわたって掃除し、削り直すと、流出物を発生しやすくしてしまう。そこで、側溝をいくつかの区間に区切って、お互いに離して掃除する。メンテナンスをしない区間は植生が生じ、溝の形もラフになり、流水を濾過しながら流速を緩やかにする。この方法は、側溝の水を河川に流すことが避けられない場合に有効である。

2015年7月19～22日にケンタッキー州で開催された第38回林業工学会議（Council on Forest Engineering、COFE）で、バージニア工科大学のAlbert Lang氏らによる側溝の沈殿物の削減とコストに関する下記の発表があった（Langら 2015）。

・側溝はBMP（46頁参照）に従って侵食防止をし、流出物を最小にしなければならない。切土の高さやのり勾配にかかわりなく、切土のり面は、沈殿物の発生を抑えるために安定化させなければならない。

・バージニア州の同大学演習林で行った実験によれば、側溝沈殿物による土砂流出量は、集材前5.72t/ha/年、集材中0.43t/ha/年、集材後1.15t/ha/年で、集材前と後とでは有意差はないが、集材中と後とでは差があった。集材中はトラック走行による轍によって側溝への雨水流入が妨げられて数値が低くなっており、集材後は道路補修により砂利が敷かれ、路面による側溝への雨水の直接的影響はなかったが、集材後の数値が集材中よりも大きかったのは、側溝の補修により、側溝の土壌が鉱質部まで裸地化し、降雨量の増加、側溝補修中の切土のり面の崩落によって数値が大き

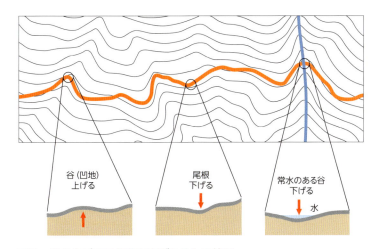

図6 谷を上げて尾根部を下げることの効用
（大橋慶三郎『図解 作業道の点検・診断、補修技術』）

尾根部では地面が乾燥していて安定もしているので、路面の高度を下げて水を集めて排水する。谷部では、路面の高度を上げて水を尾根部に誘導する。常水の谷は排水先として安全であるので、路面の高度を下げて水を集める。

北米

- また、Lang氏らの実験によれば、集材期間中にBMP措置を講じたときの側溝の沈殿物は、側溝の底が裸地の場合7.52t/ha/年、チェック（側溝内の一部に石を置いてダムをつくる）5.53t/ha/年、石1.94t/ha/年、マット0.10t/ha/年、種子を撒くのが0.08t/ha/年となり、種子を撒くのが1番結果が良かったとのことである。側溝の侵食防止や土砂の流出防止のために側溝に草を生やしており、新たな取り組みである（写真6）。

暗渠

暗渠のパイプを浅く埋めることで（図7）、排水口が地山と同じ高さとなり、同じ管径では左のような溝を掘ることが不要となる。実例をカナダで見ることができた（26頁写真12）。

図8は侵食を少なくし、流出物を渓流に流さないための図である。暗渠は十分な大きさとする。

写真6　草を生やした側溝（ペンシルバニア州）
なお、この先に橋梁があり、制限荷重の標識がある。

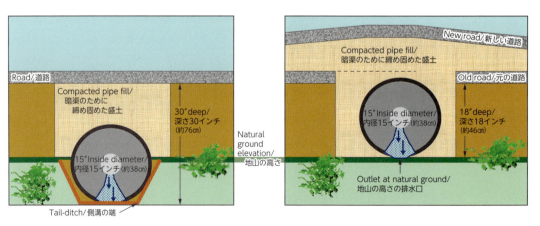

図7　浅くした暗渠（『Environmentally Sensitive Road Maintenance Practices for Dirt and Gravel Roads』）
従来の構造の左図は『Low-Volume Roads Engineering』によれば、埋土の厚さは管径の1/3以上または30cm以上とされている。

図のYESの配置では、管の向きが水流と同じで、暗渠の掃除もしやすい（筆者注：この方法だと、管の長さを長くしなければならない。NOとなっている方が、上流からの流出物を直接暗渠に流しこまないので、水の攻撃で呑み口付近の侵食が生じなければ、これでも良いと思われる）。

暗渠はできれば底のないアーチ形とする（**下巻：スウェーデン 46頁参照**）。あるいは自然の渓流の底を維持するためには橋梁にする。

LVRの用語の定義を**図9**に示す。

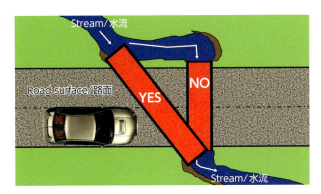

図8　パイプの設置角度
(『Environmentally Sensitive Road Maintenance Practices for Dirt and Gravel Roads』)

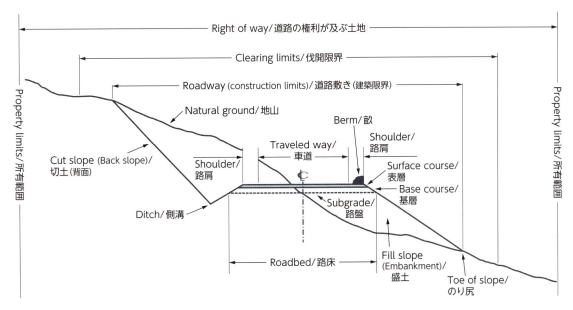

図9　用語の定義
(『Low-Volume Roads Engineering』)

北米

LVRの事例

(1) ガス採掘に伴う公共道路への影響

　アメリカ合衆国に特有の課題として、シェールガスの採掘に伴ってLVRに想定外の負荷がかかり、路体の損傷と事故などが起こっている。シェールガスの採掘には採掘前の地ならしと採掘用の穴掘りという段階があり、地ならしではおよそ延べ400台の大形トラックが、穴掘りでは途中で噴出する水のくみ出し用トラックも含めておよそ延べ1,000台以上のトラックが必要とのことである。このような特殊な用途に対して、州や郡単位でエネルギー会社と道路の使用許可と維持管理に関する契約を結び、対応している。

　ペンシルバニア州ワシントン郡にあるシェールガス採掘会社を訪ねた（写真7～9）。ペンシルバニア州は他の州と異なり、郡や市管理の道路が多く、ここでは市とシェールガス採掘会社の間でLVRの維持管理に関する協定が結ばれている。その協定には維持管理計画の立案、維持管理の程度、市の維持管理調査などに関する項目が含まれている。

　調査には道路利用前、利用中の定期検査、時期の明示されない簡易検査、採掘終了後の最終検査があり、これらの費用は採掘会社が負担する。道路を高規格化する必要はないが、道路利用前と同程度の状態を維持することが求められている。この維持管理には2つの方法があり、市が調査し維持管理を発注して、その費用を採掘会社に請求する方法と、採掘会社が自ら維持管理を行う方法がある。後者の方が圧倒的に多いということである。この地域では、道路が利用可能な状態に保たれているため、住民からも好印象が得られているとのことであった。

写真7　シェールガス運搬のトラック（空車）

採掘現場そのものは見ることができなかったが、写真は公道からLVRに入ってシェールガス採掘現場に向かう空車トラック。中の3軸が浮いている。

写真8　シェールガス採掘現場から出てきた実車トラック

中の3軸が地面に接触している。広い公道に出たところには、公道が重量物運搬車の道であり、一般車は通行に注意することを警告する標識が掲げられている（筆者注：この他にもhaul road（運材道路）という表示や運材トラックの絵の表示がアメリカ合衆国、カナダでは随所にある（23頁写真5））。

アメリカ合衆国1

写真9　シェールガス採掘現場への道
側溝が大きく、崩れやすいのり面は石で土留めされている。この工法は『Low-Volume Roads Engineering』に図示されている（図10）。日本であれば丸太組構造物が適用されるところであろうか。

① Oversteep (near vertical) cutslope/
　（垂直に近い）急な切土

② Cut failure/崩れた切土

③ Uncontrolled water/未処理の水

④ Fill failure in oversteep
　or uncompacted fill material/
　急勾配または締め固めていない
　盛土の崩れ

⑤ Loose sidecast fill
　on a steep slope/
　急斜面の盛土の緩んだ土

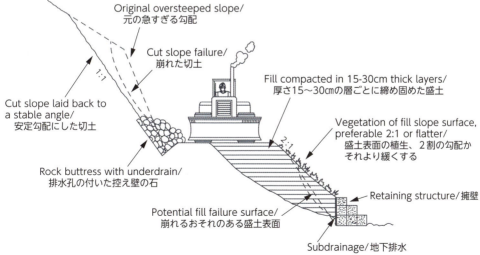

図10　崩れたのり面の修復
（『Low-Volume Roads Engineering』）

(2) LVRの環境に配慮した維持管理

　ジオテキスタイルとその土地の瓦礫を利用した構造の橋梁を見る(**写真10、11**)。コンクリートは使わず、従来の橋梁と比べて25〜60%の費用を削減しながら同規格の橋梁を設置していた。簡易な構造であるため維持管理や高規格化も容易とのことである。

　風化堆積物が過去15年間にわたり繰り返し崩れる地すべり地帯の盛土安定化施工現場では(**写真12**)、リップラップを用いた箇所(**写真13**)の他に、ジオテキスタイルの補強土壁にし、表面をモルタルとコンクリートブロックで覆っていた(**写真14、図2**参照)。ブロックには25フィート(約7.6m)の杭が縦に打ち込まれている。施工が早く、崩れやすいところでは重宝するとのことであった。ふとん籠を用いる場合もあるという。この現場では、地すべりの観測杭を設置している。

　ペンシルバニア州立大学砂利舗装道路研究センター(Penn State University, Center for Dirt and Gravel Road Studies)では、自動車でけん引して土埃の濃度を高感度に自動計測する装置を開発している。それほどまでに道路の土埃削減は大きな社会的課題となっている。

写真10　橋台がジオテキスタイル構造の橋梁
なお、橋梁から上っていく道路は、片勾配を山側につけ(図3参照)、側溝で集めた水を橋梁上流部の河川に排水している。

写真11　ジオテキスタイルを用いた橋台の内部構造の模型

写真12　地すべり地帯の道路標識

写真13　リップラップを用いた箇所

写真14　ジオテキスタイル工法の箇所
谷側は電柱（木製）を立てるために広く伐採している。

引用文献

AASHTO (1993) AASHTO Guide for Design of Pavement Structures. 640p.

Bloser S, Creamer D, Napper C, Scheetz B, Ziegler T (2012) Environmentally Sensitive Road Maintenance Practices for Dirt and Gravel Roads. 136p. USDA Forest Service.

Keller G, Sherar J (2003) Low-Volume Roads Engineering - Best Management Practices Field Guide. 158p. USDA, USAID.

Lang A, Aust M, Bolding C (2015) Sedimentation reduction and cost of Best Management Practices for forest road ditches. Proc. 38th Annual COFE Meeting. 164-174. Lexington, Kentucky.

大橋慶三郎 (2015) 図解 作業道の点検・診断、補修技術．112p．全国林業改良普及協会

酒井秀夫 (2007) 大橋式作業道を検証する．現代林業 494：16-33

Wu J T H (1994) Design and Construction of Low Cost Retaining Walls. 152p. Colorado Transportation Institute, U.S. Forest Service, Colorado Department of Transportation, University of Colorado at Denver.

北米
アメリカ合衆国2
ウェストバージニア州の林道

ウェストバージニア州の森林・林業概要

　ウェストバージニア州はアパラチア山脈に位置し、北西部はオハイオ州に接し、ペンシルバニア州とケンタッキー州に南北を挟まれている。すべての地域が山岳内にあることから山岳州（The Mountain State）の愛称で呼ばれる。瀝青炭、石灰岩などの鉱物資源に恵まれ、COGの州（COGとはcoal、oil、gasの頭文字からなる）とも呼ばれる。石炭が採れることから、化学工業も盛んである。

　森林面積は476万haで、メイン州、ニューハンプシャー州に次いで森林が多い。森林率は78%で、森林面積の88%以上が民有林である。多くがナラ、クリ、カエデ、ブナなどの広葉樹であり、広葉樹の蓄積はペンシルバニア州に次いで2番目に多い（West Virginia, Division of Forestryウェブサイト）。天然生の針葉樹と広葉樹の混交林が広がり、林相は北海道に似ている。モノンガヘラ国有林（Monongahela National Forest）など、風光明媚なことから観光地も多く、林業とツーリズムが並存している。多くの森林が保護され、狩猟や

北米

釣り、ハイキングなどに利用されている。

ウェストバージニア大学演習林の林道
—択伐施業と集材路

ウェストバージニア大学（West Virginia University）は1867年に設立された州立の総合大学である。15学部からなり、2万9,175人の学生が在籍し（2014年）、地域社会の人材育成を担っている。林学は林業および天然資源学部に属し、7,000エーカー（約2,800ha）の演習林を所有している。林業および天然資源学部は他に水産資源科、レクリエーション・造園および観光科、木材工学科、エネルギー資源科があり、「温かさ（warmth）」のある学部と紹介され、手厚い教育指導と豊かな自然における学習が売りとなっている。

ウェストバージニア大学演習林では、実習の他、木材生産も行っている。林道はオーソドックスであり（**写真1**）、入口付近はキャンプなどのレクリエーションに利用されているが、奥に行くと請負業者による木材生産が行われている（**写真2**）。

作業システムはスキッダによる集材（**写真3**）、玉切りソー（buck-saw）による造材である（**写真4、5**）。広葉樹主体であることから、玉切りソーはこのあたりでは珍しくなく（79頁**写真3**）、近在のいくつかの鉄工所で受注生産されている。

もう1箇所の現場では、林道の先に、スキッダ集材道（skid road）があり（**写真6**）、択伐施業が行われていた（**写真7**）。大学演習林らしく、林内に試験地が設定されている。

写真1 ウェストバージニア大学演習林の林道

写真2　伐採現場の集材路

写真3　グラップルスキッダによる集材
スキッダが繰り返し走行するため、集材路は泥濘化している。

写真4　玉切りソー（buck-saw）の枝払い部と長材をつかんで枝を払い落とすためのグラップル（後方）
枝払い部にチェーンソーも装着されており、玉切りも可能。

北米

写真5　玉切りソーによる造材

写真6　スキッダ集材道(skid road)
砂利舗装がされていない。そのため集材を繰り返すと泥濘化する。skid roadやskid trail（集材路）は未舗装で、安全な範囲内でできるだけ狭くし、林地から土場や集積場まで集材目的で使用される。作業完了後は作業前と同じになるように整地しなければならない。ウェストバージニア州のBest Management Practices (BMP)によれば、横断排水溝(water bar、下巻：タスマニア　図10参照)を道路に対して斜めにつける。枝条を敷いて、排水路の機能や路面の播種効果を補ってもよい(写真13参照) (West Virginia, Division of Forestry 2014)。

写真7　択伐林
2本並ぶ太い木の左の丸（青色）は伐採木であることを示し、右の丸（赤色）は残す木であることを示す。両者の間に前回択伐時の走行路がある。

私有林の林道

米国林野庁で長年林道行政に携わってこられ、その技術的貢献に対して賞も受賞しているJames N. Kochenderfer氏所有の私有林を訪れた（写真8）。

林道は次の伐採に備えて厚く砂利が敷かれ、トラック走行が可能となっている（写真9）。排水暗渠にはガス管（鋼管）が再利用されている（写真10、11）。崩落している切土のり面があり、日本では丸太組による土留めが必要とされるところである（写真12）。

林道から集材路が分岐しており、勾配は林道よりも急である（写真13）。路面は草で覆われているが、侵食防止に効果があるとされている。近年路面に草本の種子を播くことがよく行われている。ガス管を利用した氏考案の横断排水溝があった（写真14）。氏によって論文としても公表されている（Using open-top pipe culverts to control surface water on steep road grade. USDA. 1995）。

写真8　J.N. Kochenderfer氏と砂利を敷いたばかりの林道
右はウェストバージニア大学David W. McGill教授。

写真9　J.N. Kochenderfer氏所有森林の林道と側溝

北米

写真10　排水暗渠呑み口
右端はウェストバージニア大学 Ben Spong 准教授。

写真11　排水暗渠排出口
洗掘防止にリップラップが敷き詰められている。

写真12　崩落が見られた切土のり面

写真13　草に覆われた集材路
ウェストバージニア州のBMPでは、勾配15%を超える集材道や集材路は播種しなければならない。作業完了後は、土場も直ちに草で覆う。特に渓流の近くでは、集材作業による土砂流出を防ぎ、水質保全に努めなければならない (streamside management zones、SMZ)。
また、河川の水温が上昇しないように、日陰となる緩衝帯 (buffer strip、shade strip) を設ける (West Virginia, Division of Forestry 2014)。

写真14　J.N. Kochenderfer氏考案の横断排水溝

北米

ウェストバージニア州内の国有林林道

　写真15、16は国有林林道入口の案内看板と注意看板である。林道入口にゲートはないが、注意事項は厳しくもやさしい。なお、写真17はウェストバージニア州Collins市市街地で見かけたスモーキーベアによる山火事危険度を示す看板である。スモーキーベアは山火事が多い米国の山火事防止のマスコットキャラクターである。

　林道入口にはブラシが設置され（写真18）、外来種の種子を払い落してから入山することになっている。林道は（写真19、20）、サイクリングなどにも広く利用されている。林道から支線が出て、支線は番号で識別されている（写真21）。散策路（trail）も多く派生し、散策等に利用されている（写真22）。

写真15　国有林林道入口の看板
オフロード車両は禁止で、許可された車両は歓迎ということが書かれている。

写真16　帰るときに森林を汚すなという看板
フクロウが言うには「ホウと鳴いてやるから、汚すな」。林道の出口に向かって立っている。

写真17　スモーキーベアの山火事危険度表示看板

写真18　外来種子の侵入を防ぐための靴ブラシ

写真19　国有林林道

北米

写真20　自転車利用者の入林

写真21　支線林道846番

写真22　散策路
渓流沿いに多く、roaring（せせらぎ）の名が冠せられている

国有林林道とレクリエーション

山岳地帯に位置する国有林は景観も美しく、国有林林道は観光道路と見まがうほどである（**写真23～27**）。このような道路は国有林の雄大な景色を国民に提供するとともに、地方の重要な連結道路となっている。

写真23　国有林内であることを示すルート標識

写真24　高原地帯の景色の美しい道路（scenic highway）であることを示す石碑

北米

写真25　クロスカントリー用のコース
駐車場の横にクロスカントリー用のコースも整備されている。

写真26　展望施設があることを示すモノンガヘラ国有林の看板
モノンガヘラは先住民の地名で、モンゴリアに由来するという。

写真27　ウェストバージニア州からケンタッキー州に入ったところにある、ここから国有林という茶色に統一された看板

林業遺産として活躍する森林鉄道

　日本では森林鉄道も林道として分類されている。米国も鉄道が活躍していた。ウェストバージニア州Cass地区は、かつて大きな製材工場があり、1901年に敷設された森林鉄道で大規模に集材を行っていた。今は資源が枯渇し、森林鉄道が蒸気機関車とともに観光用に開放されている（**写真28～30**）。往時のロギングキャンプ施設（飯場）がそのまま残され、地域一帯は林業遺産として多くの観光客を集めている。

写真28　出発の準備をするシェイ(Shay)蒸気機関車
今も数両が現役で観光用の客車をけん引している。山岳地向けに縦型シリンダ、歯車伝達という独特の機構を備えている。シェイ機関車は日本でもかつて青森に1両導入され、その後高知に移された。台湾の阿里山には20両導入されている。

写真29　終点のかつてのロギングキャンプ場

写真30　COGの州と呼ばれるウェストバージニア州の林相
森林鉄道の蒸気機関車の煙が見える。

引用文献

West Virginia, Division of Forestry ウェブサイト
　http://www.wvcommerce.org/resources/forestry/default.aspx（2018/3/1参照）

West Virginia, Division of Forestry (2014) West Virginia Silvicultural Best Management Practices for Controlling Soil Erosion and Sedimentation from Logging Operations. 31p.

北米
アメリカ合衆国3
ケンタッキー州

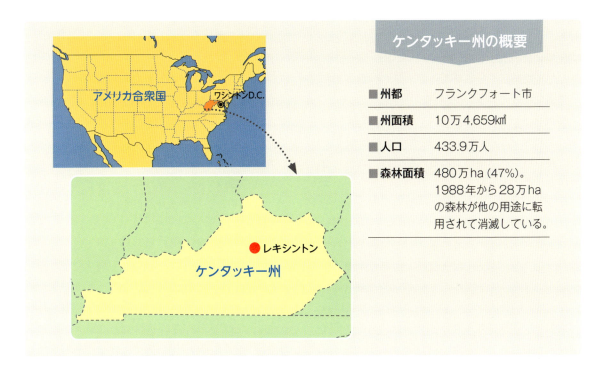

ケンタッキー州の概要

- ■ 州都　　フランクフォート市
- ■ 州面積　10万4,659km²
- ■ 人口　　433.9万人
- ■ 森林面積　480万ha（47％）。1988年から28万haの森林が他の用途に転用されて消滅している。

ケンタッキー州の森林・林業概要

　2015年7月19～22日にケンタッキー大学（University of Kentucky）がホストを務める第38回林業工学会議（Council on Forest Engineering）がケンタッキー州レキシントン市で開催された。そこでケンタッキー大学林業学部Jeffrey W. Stringer教授の講演によれば、ケンタッキー州は、42万3,000人の森林所有者が森林の78％を所有し、企業林が13％、公有林が9％（国有林の5％を含む）である。ケンタッキー州のおよそ半分が木材としても価値のある森林地帯であり、その90％が農家などの小規模経営者によって所有されている。ケンタッキー州の経済は以下のように構成されている。

　農業　400億ドル
　ツーリズム　131億ドル
　林業　128億ドル（森林に関わるツーリズムを含む）
　石炭　80億ドル
　馬産・競馬　40億ドル
　ウィスキー　30億ドル

　馬産、ウィスキー、たばこが重要な産業となっている。素材生産業者が1,000～1,500社あり、平均作業員数はオーナーも含めて3.1人である。ツーリズムの雇用は約18万人であり、林業の雇用は2万8,202人、これに森林に関わるツーリズムを

含めた雇用は5万7,753人になる。素材生産業者がいかにケンタッキー州の経済に貢献しているかがわかる。

林業は広葉樹主体で、広葉樹生産はここ16年間全米でも2～3位の生産量を誇り、年間生産量は7.5～11億ボードフィート（約177万～260万㎥）である。なお、ウェストバージニア大学Ben Spong准教授によれば、2008年のリーマンショック以降、住宅建築は半分に落ち込み、新しい需要開拓が課題になっている。

機械化されている割合は11％で、未機械化68％、半機械化33％である。地形が比較的緩やかで、強いパルプ材市場がある西部では、機械化を前提とした人力伐倒を活用している。グラップルスキッダ、玉切りソー、枝払い機（材をくわえて材を引っ張ることで枝を払う）、フェラーバンチャ、一部フォワーダが使われている。谷が深いところでは、フェラーバンチャは少ない。南部と中部は、チェーンソー、ケーブルスキッダ（ウインチ付ホイールトラクタ）が使われている。東部は、フェラーバンチャ、グラップルスキッダおよびケーブルスキッダが使われている。

林業の重大災害は、1994年に12人であったが、2009年以降年間1～3人である。

スキッダのための集材路

第38回林業工学会議の現地見学で、ウェストバージニア州との境に近い南東部のスキッダによる集材現場を訪れた。

作業システムは広葉樹用のフェラーバンチャによる伐倒（写真1）、グラップルスキッダおよびケーブルスキッダによる集材（写真2）、玉切りソーによる玉切りとチッパーによるチッピング（写真3）である。

現場はスキッダのための集材路が張り巡らされていた（写真4、5）。天候は雨上がりであったが、湧水がみられ、その水が路面を襲い、排水対策に難儀していた。米国では水質保全に対するBMPが強調され（46頁参照）、集材作業の環境への影響が常に注意喚起されてはいるが、現実には土砂流出が生じている（写真5）。

なお、クローラトラクタがかつてlogging cruiserと称され、運材巡洋艦と直訳されたこともある（関谷 1941）。上に向けた排気管から黒煙を吹き出しながら、泥濘地（でいねい）をローリングして材を運

写真1　広葉樹用のフェラーバンチャ

ぶ様は遠目にはクルーザを連想させたかもしれない。

スキッダによる土壌の締め固め

バージニア工科大学Brian Parkhurst氏らによれば、スキッダの最初の走行で土壌の孔隙密度は大きく変化する(Parkhurstら 2015)。ブルドーザでは3回から6回の走行で変化が生じる。わずかな走行でも高いインパクトがあり、軽量の走行でも継続するとインパクトが生じる。最初の土壌容積密度0.97g/㎤に対して、最終的にはスキッダによって1.17g/㎤、ブルドーザによって1.02g/㎤に締め固められる。

ちなみに植物が成長できる土壌容積密度の限界は土質によっても異なり、例えば砂質ローム土壌では1.59g/㎤であり、この数値は砂、シルト、粘土の割合の三角座標によって与えられている(Daddon and Warrington 1983)。

写真2　グラップルスキッダ(左)とケーブルスキッダ(右)

写真3　玉切りソー(手前)とチッパー(奥)

北米

写真4　集材路の急勾配区間

写真5　畝をつくった路面排水
この下に渓流がある。

引用文献

Daddon R L, Warrington G E (1983) Growth-limiting soil bulk densities as influenced by soil texture.WSDG-TN-00005, 17p. USDA Forest Service.

Parkhurst B, Aust M, Bolding C, Barrett S, Vinson A, Klepac J, Carter E (2015) Soil response to skidder and dozer traffic as indicated by soil stress residuals. Proc. 38th Annual COFE Meeting. 149-163. Lexington, Kentucky.

関谷文彦 (1941) 伐木運材図説．293p．賢文館

北米
アメリカ合衆国4
その他地域の林道

ワシントン州

　林業で栄えてきたワシントン州において、シアトルの南約200kmに位置するロングビューのウェアーハウザー社社有林を訪れた。

　同社ホームページによれば、創業は1900年で、自分たちの森から木を伐ってくるのではなく、自分たちの土地に木を植え、育て、伐るという長期的プログラム（長期的施業方針）を取り入れている。たゆまぬ研究開発と入念な管理システムの結果、「ウェアーハウザーの森」では非管理の森林に比べ、格段に質の高い木材が供給できるようになった。ウェアーハウザー社がアメリカで所有する商業用森林は、1,320万エーカー（約534万ha）、九州と四国地方を足したくらいの広さになる。毎年の伐採は全所有林の2％程度にとどめ、伐採後は24カ月以内に99％のエリアで新たな木が植えられる。「ウェアーハウザーの森」は地球温暖化の抑制にも貢献しようとしており、直近5年間に植えた木は6億5,000万本になる。

　写真1は、伐採現場に到達するまでの林道である。他の所有者の人工林も隣接して広がっている。同社の人工林はtree farm（木の農場）と呼ばれている。樹種はダグラスファーが主で、遺伝的に優秀な苗の研究を行い、裸苗、コンテナ苗の苗畑をそれぞれ経営している。

　林道はtree farmの重要なインフラで、出荷先へのコンスタントな原木運搬を実現するために良く管理されている。維持管理費用は季節要因により変動し、幹線は1年を通じて原木運搬ができるように整備されている。ワシントン州では林道の建設および維持管理に関する補助金はない。林道の新設および伐採活動については、州当局の事前許可を必要とする。

　写真2は伐採現場である。樹種はダグラスファ

ーが主で、ヘムロック（*Tsuga heterophylla*）もある。樹齢は40年生が主体であるが、一律ではなく、いろいろな樹齢が混在している。作業は請負が主流になっており、ここも請負である。業者をお互い競争させて、良いところは学び合ってもらうようにして、請負のメリットを出している。

ウェアーハウザー社は災害ゼロを目指して、安全管理を徹底してきた。チェーンソーマンはハンドカッターと呼ばれ、機械化によりチェーンソー作業を減らそうと取り組んでいる。以前は架線集材が主流であったが、架線集材では荷掛け手などに労働災害が発生していたので、人力作業を極力なくす努力をしている。ウェアーハウザー社では、伐倒と木寄せ作業を大幅に機械化しており、cable –assist felling / logging（ケーブルアシスト伐倒・集材）と呼ばれる新技術を導入している（**写真2**）。この技術は20年前の伐採作業システムとは大きく異なる革新的な技術改革である。樹木の生産管理と伐出作業の生産性を確保することにより、機械投資を可能にしている。

作業システムは、ケーブルアシストのフェラーバンチャと、同じくケーブルアシストの木寄せ用エクスカベータ、プロセッサ、トラック積み込み用のローダである。ケーブルアシストはトラクションシステム（traction system）とも呼ばれ、ニュージーランドを参考に導入した（ケーブルアシストは**下巻：ニュージーランド 144、145頁**参照）。フェラーバンチャのベースマシンはクライムマックス（ClimbMAX）社（**写真3**）、プロセッサのベースマシンはリンクベルト（Link-Belt）社で、ヘッドはい

写真1　伐採現場までの林道と周囲の造林地

写真2　伐区全景と作業システム
奥に見えるフェラーバンチャ（保守中）で伐木した全木材を、ケーブルアシストのグラップル付エクスカベータで運転席を旋回しながら麓のプロセッサまでリレーし、長く玉切られた材をローダが整理したり、トラックに積み込む。

いずれもワラタ（Waratah）社製である。プロセッサはICカードで造材の製品が自動判別されている。

　トラックは荷台の3箇所に重量計があり、元口が重いので、重さのバランスをとりながら、全体で積載量が最大になるように元口と末口を交互にして積んでいる。重量はトラック運転手が車内で見ていて、積み込みのローダに無線で連絡している。トラックの積載量は28tで、約24㎥（4,500ボードフィート）である。25～26tの5軸が一般であるが、この大きいタイプの6軸を推奨している。1日15台分生産する。写真の製品はパルプ材である。パルプ材か製材用かは径級の他に、曲がりや腐れから判断される。

　見えている道はlogging spur roadと呼ばれる作業道である。機械の車幅が12フィート（約3.7m）なので、車道幅員12～16フィート（約3.7～4.9m）に路肩がつく。事業が終了すると、道は残すが土砂崩れを防ぐ措置をする。道の周囲やゲートは植林して他者の進入を防ぐ。

　伐採面積はワシントン州では120エーカー（約49ha）まで可能である。ここの伐区面積は82エーカー（約33ha）あるが、森林はSFI森林認証（Sustainable Forestry Initiative）を取得しており、**写真4**は、伐区内の保護樹帯である。伐区内の渓流（stream、creek）の周囲は、魚類のみならず、他の生態系保全や水質保全のために、緩衝帯（バッファ）を設けている。水質管理はBMPとして、州ごとに規則が定められている（**46頁参照**）。他にも、土壌保護や野生動物保護のために、敏感な箇所（sensitive site）を指定し、リテンションシ

写真3　ケーブルアシストのフェラーバンチャ

後部はワイヤロープで補助されている。前部は頑丈な排土板で傾斜地の車体を支える。53度の傾斜でも作業可能とのことであり、ワイヤロープの径は7/8インチ（約22㎜）、1,200フィート（約366m）の長さを有している。

写真4　リテンションシステムの渓流緩衝帯　　　（stream buffer）の保護樹帯

この中を渓流が流れている。アメリカ合衆国2　写真13の説明も参照。

ステム (retention system) として伐採から保護している（**カナダ2** 42頁参照）。林地残材はchunkと呼ばれ、山に残される。前述のように2年以内に植林されるが、できるだけ早く、だいたい1年以内には植林ができるように努力している。植える本数は生存率によるが、およそ5年後に1エーカー（約0.4ha）あたり200本以上は生存している（約494本/ha）。この基準は隣州オレゴン州の規定に則っている。

リテンション集材

ワシントン州オリンピック半島の中央部と海岸部は国立公園になっており、海岸部は先住民の居留地が点在し、中央の山岳地帯は原生林や原生林を伐採した後の2次林が広がっている。半島西側は太平洋からの湿潤な風により温帯雨林が育まれ、東側は内陸からの風により乾燥しているが、森林が広がる。山岳地帯の中央は貴重な動植物の生息地になっており、連邦政府が厳しく保護している。その周囲の麓は州がトラスト森林（保護地域を買い上げ、保護、管理している森林）として管理、経営しており、トラストの財政のために木材収入をあげている。

写真5は、低地の60年生ダグラスファー主体のトラスト森林の伐採跡地である。ここでは、「多様なリテンション集材」(Variable Retention Harvest、VRH)の取り組みを行っている。リテンションには、伐採保留の意味がある。

ha当たり20本の木を野生動物や種子散布のために残して環境の変化に弱い湿地（wetland）を保護する一方で、将来の収入を確保するために、ホワイトパイン（*Pinus monticola*）、ダグラスファー、ヘムロックを988本/ha手植えし、林木の蓄積が多く、自然の樹種からなる森林の確立に取り組んでいる。アカハンノキ（*Alnus rubra*）やヘムロックが天然更新している。主伐に至るまでに、間伐は将来の収入を見込みながら、30年から40年ごとに行う。

湿地帯は幅30mの緩衝帯の樹林を設け、渓流と動植物の生息地を保護し、平均胸高断面積合計が28㎡/ha以下にならないように単木間伐している。林道開設時に土砂が川に混入しないようにするとともに、伐採作業後の水質もきれいに保たなければならない。裸地化により川に直射日光があたって水温が高くなると、冷たい海から遡上してきたサケが死ぬので、水温は16℃以下に保たなければならないとされている。そのためにも渓流沿いの緩衝帯は重要である。

snag（立ち枯れの木や中途で切られた木）、大きな特徴ある木、湿地を守っている木、道路作設や集材作業時に身代わりになって土壌撹乱や締め固め

写真5　VRHを施した伐採跡地
路網は集材距離を元に設計している。側溝も大きくとっている。

を最小にしている木を残している。残された木はいずれ倒れるが、生態系に貢献する。このような施業を行っているが、パブリックコメントも求めている。

オレゴン州の林道

写真6　公道から尾根を上がっていく林道(2006年)

写真7　尾根沿いの林道(2006年)

写真8　尾根のタワーヤーダ(2006年)
スパン長540ｍ。全木集材を行い、チーム9人で150〜250㎥／日の生産性。林相や景色は日本に似ている。

北米

写真9　エクスカベータによる林道工事(2006年)
伐根を掘り取っているが、やはり掘り取り作業は大変である。

写真10　オレゴン州立大学の学生実習における林道沿いタワーヤーダ作業(2006年)
タワーヤーダはオーストリア・コラー(Koller)社製。実習で42〜50㎥/日の生産性を上げている。

写真11　国有林の砂利舗装林道(2016年)

写真12　国有林林道の入口(2016年)
トラック通行を知らせる看板がある。ここは乾燥地帯なので、砂利舗装等の処理はされていない。

カリフォルニア州の林道

写真13　グリーンダイヤモンドリソース
　　　　（Green Diamond Resource Co.）社
　　　　社有林を登っていく背負式運材トレーラ

土埃が立つので、散水している。
以下同社社有林（写真14～18）

写真14　長材の土場
このままトラックに積み込まれる。

写真15　林道沿いの積み込み作業

写真16　バイオマス用枝条残材チッピング作業

1時間当たり40～50生tのチップを生産するPeterson社のチッパーを中心に、原材料をくべるグラップル1台、枝条を集める大形ダンプトラックと積み込み用グラップルローダを2セットでチッピング作業を行い、チッパーの待ち時間がないように積載量22t(容量は25t)のチップ運搬車が列をつくっている。

写真17　チップ運搬車とのすれ違い

チップ運搬車優先。減速しないで山を下りてくるので、無線でお互いの位置を知らせている。

写真18　林道上の位置を知らせる標識

番号が書いてあり、トラックは通過するとき無線で周囲に知らせる。

アイダホ州の林道

写真19　路面の大石を直接砕いていくクラッシャ（2006年）

どの程度普及しているかはわからないが、学会現地見学会のひとこま。

写真20　写真19の現場のロードローラとスカリファイア（2006年）

写真21　砕石運搬車（2014年）

写真22　作業道上のフォワーダと、皆伐のため林内に向かうフェラーバンチャ（2006年）

コロラド州の林道（2006年）

写真23　大規模山火事跡地
内陸のコロラド州は山火事が多い。手前は焦げた木と伐根。

写真24　大きな暗渠
山火事のときの大形動物の避難路も兼ねた暗渠。

中央ヨーロッパ

- オーストリア
- ドイツ
- スイス

ドイツ連邦共和国
オーストリア共和国
スイス連邦

中央ヨーロッパ
オーストリア共和国
Republic of Austria

オーストリア共和国の概要

- 首都　　ウィーン
- 国土面積　8万4,000㎢
- 人口　　約860万人（首都人口は約180万人）
- 森林面積　386万9,000ha
- 森林率　46.9%

オーストリア共和国の森林・林業

　オーストリア共和国は、林業をドイツから学ぶ一方で、独自の学問と社会体制を築いてきた。中山間地では、農業用トラクタが根付いており、農林一体となった経営が行われている。重化学工業も盛んであり、国全体のまとまりがとれている。学校教育と職業教育との連携もとれている。自国の林業に根差して、架線集材を得意とする個性的な林業機械メーカーも多い。

　オーストリアの森林面積は、国土の約半分に相当する402万haである。そのうち83%が木材生産に利用可能であり、平均蓄積は336㎥/haである。国全体で11億5,500万㎥の蓄積がある（EUROSTAT 2016）。

　樹種はドイツトウヒ（ノルウェースプルース、*Picea abies*）が面積にして51%を占め、広葉樹ではヨーロッパブナ（*Fagus sylvatica*）が10%と最も多い。年間の木材利用量は2,600万㎥であり、年間成長量は3,000万㎥である。所有者は面積割合で69%が私有林、16%が国有林および公有林、11%が地域所有林、4%が公有林、自治体所有林である。5ha未満の所有者によって48%の面積が占められている。木材に関連する雇用はおよそ29万2,100人であり、その半数以上が林業従事者として関わっている（以上、オーストリア大使館商務部 2013）。

　オーストリアの林業の特色は輸出にある（酒井 2004a）。2015年には産業用丸太、製材品、家具、パルプ、パーティクルボードなどを含めた木材輸出総額は62.3億USドルとなっている（FAOSTAT 2015）。再生可能エネルギーの使用割合は全体の32%であり、木質由来の再生可能エネルギーは全

体の13%を占めるが、利用の余地はまだあるという (Austrian Federal Ministry of Agriculture, Forestry, Environment and Water Management 2016)。木質ペレットの生産は2010年の68.6万tから2014年の94.5万tに増加し、2014年は34.2万t輸入し、48.1万t輸出している（EUROSTAT 2016）。化石燃料に対する環境税の導入によって、木質ペレットの価格が化石燃料を下回っていることがこのような傾向の一因と考えられる。

森林所有者の高い意欲が林業を支える

森林の環境機能の発揮と経済的成功が林業と木材産業分野で強く主張されている。両者に共通しているのは専門教育、研究、インフラや制度、法律の最適化、分野共通の問題を解決するための分野横断プラットフォームの設立である。林業に関しては、持続的な森林経営を持続的な収入と定義し、その達成に向けて、森林所有者の高い自己責任能力とモチベーションが発揮されている。

森林所有者のとりまとめには林業協同組合（Waldverband）が一役買っており、森林マイスターや森林作業員を雇い入れ、担当者は基本的に定年まで異動することなく、地域に密着する形で森林経営指導や支援を行っている。小規模森林所有者の森林経営への意欲が、オーストリアの林業の一翼を担っている（酒井 2004a）。

オーストリアの集材方法は以下のようになる（小澤2014）。

トラクタ：緩傾斜地の小規模所有森林でウインチ等を活用。割合44%

フォワーダ：緩傾斜地の大規模所有森林。一部ハーベスタを伴う。割合32%

タワーヤーダ等架線：急傾斜地。割合22%

その他：ヘリコプタ等。割合3%

林地傾斜35%までは車両系集材、それ以上は架線集材となる（小澤2014、**写真1**）。

オーストリア共和国の林道

オーストリアの林道整備の経緯

オーストリア南部は石灰岩地帯、北部は砂岩地帯、また、北東部の一部には花崗岩がみられる（筆者注：詳しくは丸井（2016）参照）。オーストリアの林道密度は基幹道としての林道が45m/haである。この数値は1994年から変わっていない（FAO 1994）。この林道密度は第2次世界大戦後に10万kmが一気につくられたことで達成されている（FAO 1998）。

林業を近代化するために、小規模森林所有者の森林において重点的に林道が整備された（小澤2014）。林道整備費は国や州から約60%、2000年代になってからEUが約40%補助している。整備の進んだ現在、新設はほとんどなく、必要性の高い既設林道の改築、改良を行っている（約40%の補助）（小澤2014）。

写真1 ウィーンにほど近いSchneebergの林道網（2006年）

架線による上げ木集材を想定して、林道が中腹に平行に作設されている。日本と違い、地形の褶曲が少ない。

林道作設の基本『Walderschliessung』

ウィーン農科大学森林工学研究室のEwald Pertlik准教授によれば、林道作設のマニュアルとして、Kramer, B. W.『Forest Road Contracting, Construction, and Maintenance for Small Forest Woodland Owners(小規模森林所有者のための林道の契約・工事・維持)』(2001)、FAO『Planning Forest Roads and Harvesting Systems(林道および集材システムの計画)』(1977)、FAO『Guide to Forest Road Engineering in Mountainous Terrain(山岳地形における林道工学の手引き)』(2007)、FESA『South African Forest Road Handbook(南アフリカ林道ハンドブック)』(2012)などが有名であるが、林道作設の基本は1984年にドイツ、フライブルク大学のP. Dietz、W. Knigge、H. Löfflerによって出版された『Walderschliessung』に記述されており、オーストリアでは基本的に同書の指針に従っている。同書は現在も版を重ね、1988年に全8章のうち、林道測量関係を除く主要な1～5章が『森林経営基盤整備の基本思想と計画―路網を中心とした森林経営環境の改良―』として林土連研究社より邦訳出版されている。

ここで、『Walderschliessung』が出版された歴史的背景を述べておく必要がある。林道の歴史は森林鉄道以降のことであり、中央ヨーロッパでは第1次世界大戦以降のことである。1932年にOtto FaberとArtur Doldtsによって森林基盤整備と林道建設の教本として『Waldstrassenbau(林道工学)』がドイツで出版された(写真2)。1984年当時で50年前の『林道工学』がいまだ体系的な教本であることに対して、技術の進歩に対応した新しい知識を盛り込んだ体系的な教本が必要とのことから『Walderschliessung』の執筆にいたった。4章の森林路網計画と5章の森林路網のモデルは、それまでの路網密度理論を整理し、開発地域の環境評価手法を新たに詳述している。

森林経営基盤としての路網

『Walderschliessung』では、森林経営基盤整備は森林路網整備でもあると併記されており、路網は経営の基盤であるという考え方が明らかである。基盤整備を実用的かつ経済的に実施するために、その基本となる土質工学の知識がまず紹介されている。

例えば、林道構造の安定化と強度保持に重要な締め固めについては、その土質ごとに目標とすべき乾燥密度が記され、土の含水比と乾燥密度の関

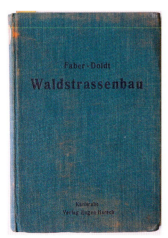

写真2　Faber, O・Doldts, A『Waldstrassenbau』表紙

係を表すプロクター法を導入し、締め固め工程の有無を判定することなどが提案されている。林業では特殊な試験装置による時間のかかる試験方法が適さない場合が多くあることから、目視や手作業によって土質を分析する方法も記されている。泥炭が存在する欧州では、特に黒っぽい土については腐植質を含む可能性に言及して、腐植含有率の判定を行うことを推奨している。

林道建設における支持力

林道建設における支持力については、一般道と同様に基準交通量（基準となる軸荷重の24時間当たり交通量）によって変形しないことが条件である。林道は一般道の建設クラスⅤに相当し（表1）、このクラスでは変形係数（圧縮係数）E_{v2}が80～90MN/㎡に設定されており、自然のままの路床の支持力は自動車道とするには明らかに低いため、費用などを考慮した上で上部構造を厚くするなどの対策が必要であるとしている。路床の支持力が非常に弱い場合には、上部構造だけでの対応は難しく、施工基面に対しては$E_{v2} \geq 45$MN/㎡の支持力が望ましいとしている。

森林経営基盤整備の目標

森林経営基盤整備の目標は、同書によれば、
- 各々の林分への到達
- 施業手段の搬入
- 最終的な目標として収穫された林産物の搬出

を、土壌、立木、景観の損傷を最小限にしながら可能、もしくは容易ならしめることである。
これらの目標を達成するような森林経営基盤を成立させるためには、技術的思想、経済的思想、生態学的思想の3つの観点が必要である。技術的思想とは地形条件と交通条件に合った技術を適応するという思想、経済的思想とは基幹路網と細部路網（支線路網）の組み合わせを含めた路網の質と量、個々の道路の計画と施工細目の質、および道路の利用と維持管理の組織についての議論を通じた、路網に関する費用を最小化するような路網作設を行うという思想、生態学的思想とは、森林路網開設に対する森林破壊への懸念や景観の損害などへの懸念について、持続可能な林業の条件や、持続可能であることの必然性などについての情報の交換を行うという思想である。中央ヨーロッパの状況の下で、上記の3思想に基づいて最適と考えられる路網開設を、自動車道による基幹路網開設と集材道による細部路網開設の2パターンについて述べている。

なお、持続可能な発展という用語が初めて公になるのは、1987年のブルントラント報告書『Our Common Future』（いろいろな邦訳があるが、「未来の子どもたちへ」というのが名訳であろう）とされているが、同書においてそれ以前に持続可能性が重要視されているのは、林業の恒続林思想（メーラー 1984）の影響が大きいものと思われる。さらに、持続的発展の経済的、環境的、社会的3原則がうたわれるのは1992年にリオデジャネイロで開催された地球環境サミットであるが、同書は技術的思想をベースに地域の伝統も重んじていることから、実質的に地球環境サミット3原則を訴えており、その先見性に驚愕せざるを得ない。

表1 建設クラスと基準交通量
（『森林経営基盤整備の基本思想と計画』より）

建設クラス	（車両荷重5t以上の積荷を積載したトラックやバスの）24時間通行回数
Ⅰ	3000回≦
Ⅱ	1500≦ ～ <3000
Ⅲ	500≦ ～ <1500
Ⅳ	100≦ ～ <500
Ⅴ	≦100回

自動車道による基幹路網開設

勾配、曲線半径、最適線形

　すべての思想に合致する施工技術として、まず走りやすく危険のない交通を保証するために、滑らかな縦断勾配として最大で10％の縦断勾配が望ましい。また、縦断勾配の変移点を10mにつき1～2％ずつ変えていくと、縦断曲線半径は1,000～500m程度に収まる。一方で、流水による侵食と平坦地における水の滞留による地盤支持力の低下、および走行路面の破壊を防止するために、勾配は2～8％の間で推移しているのがよいとされる。

　平面線形については、直線とできるだけ大きな半径の曲線が望ましい。具体的には、平坦地では曲線半径50m以上、山地では20m以上、特にヘアピンカーブでは12m以上が望ましい。これらの曲線半径以下でも、トレーラトラックの運転技術上は問題がないが、視距の面で不安がある。林道の最大制限速度30km/時のとき、必要停止距離は20mであるが、視距を取ることができない場合もあり、その時は速度を下げるなど、交通の面で対応する必要がある。横断面形は、使用する自動車の大きさに合わせることができる。

　なお、ドイツ連邦共和国では、道路交通規則（StVO）と道路交通許可規則（StVZO）によって、トラックの大きさや重量、積み荷、標識などの交通施設が定められている。他方、例えばアルプス地方のような困難な地形条件の場合、経済的、生態的理由から、上記規則の制限値を完全には守れないこともある。特に材木の長さについてはしばしば制限値を超える。表2に3思想に基づく最適線形の基本値をまとめる。

オーストリア共和国の林道の規格構造

　小澤（2014）によれば、林道の国全体の公的な指針はないようであり、林道（Forststrasse）は、「普通トラック（LKW、Lastkraftwagen）が通行できる、木材運搬を主な用途とする林内道路」と定義されている。林道の規格構造は、車道幅員3.0～3.5m、全幅員4.0～4.5m、縦断勾配2～8％（ヘアピンカーブ5％）、最小半径12m（けん引車両があるときは18m）、のり面勾配1：0.5～2.0（現場での判断に委ねられる）と要約される。

　特徴的なのは、横断形状は屋根型とし（**写真3～6**）、山側にはV字状の側溝を設け、側溝からの横断排水は一定間隔で暗渠で行われる（**写真7～9、12**）。機械で路面を維持管理するため、路面には横断排水溝は設けない。上層路盤は主に石灰岩の砕石を用い、十分に転圧する（小澤 2014）。

表2　3思想に基づく最適線形の基本値

自動車道による基幹路網	
車道幅員	3.5m（全幅員4.0～4.5m）
側溝	V型、梯型
切土法面	1：1
盛土法面	4：5から1：1.5くらい
道路面横断勾配	中央高10cm、約5％の屋根型横断勾配（コンクリート、アスファルト舗装では約3％片勾配も可能）

オーストリア共和国

写真3　屋根型横断面の注意標識

屋根型横断形状は走行しやすい真中に通行が集中して路面が摩耗するので、右か左を走るようにという屋根型横断面の注意標識。なお、この標識を提供しているトーマス・ホルツァー有限会社は、道路開設・メンテナンス機械のトラクタPTOアタッチメントを供給する家族経営の会社である（ホッホフィヒト市(Hochficht)）。なお、米国ではかまぼこ型は2車線で採用される（53頁参照）。

林道の排水

写真4　かまぼこ型横断面の路面排水状況（ホッホフィヒト市）

路面がしっかり転圧されており、浅くて広い水路ができているが、側溝に向かって速やかに分散排水されている。

写真5　かまぼこ型横断面の分散排水によって雨水が林地に拡散されている等高線沿いの区間（ホッホフィヒト市）

写真4に比べて縦断勾配が緩いためか、路面に水路は見られない。

中央ヨーロッパ

写真6　側溝（ホッホフィヒト市）
勾配がある区間では、側溝を設けている。
側溝の植生が雨水による侵食を防止している（アメリカ合衆国1　写真6参照）。

写真7　雨天時の暗渠の呑み口（ホッホフィヒト市）
流出したシルトがたまりはじめており、恒常的に清掃がなされる（小澤 2014）。呑み口を大きく掘ることもある。

写真8　暗渠の排水先（ホッホフィヒト市）
侵食されないように水路の両脇が固められている。
侵食の事例についてはスロベニア1　165頁　写真10参照。

写真9　載荷荷重に対してコンクリート管の上面を補強した暗渠（ホッホフィヒト市）

オーストリア共和国

写真10 ホッホフィヒト市森林内の花崗岩地帯における側溝と広くくぼませた横断排水溝
花崗岩の石を土台に路面はしっかり転圧をかけている。

写真11 写真10と同じ区間の横断排水溝の排水先
基本は分散排水。

写真12 写真10と同じ区間の暗渠による横断排水

集材道等による細部路網

　集材道等による細部路網開設の基本的課題は、収穫された林産物をそれぞれの林分から搬出できるようにし、森林内への進入を楽にすること、経営手段を林内へ持ち込むことである(『森林経営基盤整備の基本思想と計画』)。細部路網開設が基幹道開設と異なる点として、特別に製作された車両が林地走行できるようにするということである。

　細部路網は以下のように区分される。

- 搬出路(Rückegassen)：林地走行の可能な地形で、立木を伐開しただけの線状の空間。
- 集材道(機械道)(Rückewege)：林地の勾配が急なため、車両が走行できるように地形を(切盛りだけで)改変したごく原始的な道。
- 架線道(架線集材線)：架線集材作業のための伐開線。

搬出路と集材道は表3のように設計される。

　小澤(2014)は、集材道は「簡易な土路(Rückewege)」と訳し、次回の間伐に利用できればよい程度の構造である。幅員3.0m、縦断勾配2～10%(最大20%)、設置間隔40～120m。自然斜面のままで利用される搬出路は「自然路(Rückegassen)」と訳し、幅員3.0m、設置間隔20m。なお、加藤誠平はRückegassenを作業道と訳している(酒井2004b)。

表3　搬出路と集材道の設計(『森林経営基盤整備の基本思想と計画』をもとに筆者作成)

	搬出路	集材道
縦断線形	勾配に関する本質的な必要条件はない。最大傾斜に下向きに搬出できるようにすべし	理想は5～10%である。2%以下は排水が悪くなる。15%以上の勾配は、トラクタ下げ木集材にとっては問題ないが、土質によっては侵食の危険が大きくなる。逆勾配は避けるべき
横断面形	側溝などはなく、3～4mの幅があればよい	作業性を考慮すると、3m幅以下にはしない。侵食の恐れのないところでは内側に強い片勾配をつけると排水と走行性に良い。立木や伐根は、集材時に長材が谷側に落ちるのを防ぐ。排水のため、20～40mの間隔で横断排水溝を掘る
平面線形	搬出距離を最短にするために自動車道に対して直角が良い	自動車道が等高線上にある場合は、比較的急な斜行線となる(写真15、16)。自動車道が比較的急な斜行線の場合は、斜面水平となる(写真17)
路網の間隔	広いに越したことはないが集材方法による	集材道の作業は主にトラクタウインチによって上げ木集材される。小径木の場合は人力で材を落とす場合もある。集材道の間隔は平均100mくらい
自動車道との接続	直角につける。長材の搬出の場合は、出口に半径10～12mのまるみをつける。自動車道の側溝と交わる時は、ヒューム管を通すか(写真19参照)、木橋をかける	自動車道から集材道を早く離れさせるよう、集材道と自動車道の間に少なくとも15%の勾配差をつける(写真15、16)。取り付け部の最後で、20～30mの縦断勾配緩和区間を設ける。取り付け部は、自動車道の横断排水溝の呑み口の下側にするのが良い
その他	軟弱地では伐開後の枝条を残すことで、支持力を良くすることができる	土工の土は縦断面方向に動かすことはほとんどしない。急斜面では景観に配慮すべき

オーストリア共和国

搬出路と集材道

写真13　択伐林内の搬出路（ホッホフィヒト市）

写真14　平坦な斜面の搬出路（ホッホフィヒト市）
土地の改変を伴わない。

写真15　林道の待避所盛土と斜めにつけられた集材道
　　　　（ホッホフィヒト市）
林道が水平区間のため、集材道入口には勾配がついている。

写真16　水平な林道から勾配をつけて下りていく
　　　　集材道（ホッホフィヒト市）

写真17　勾配のある林道に対する集材道の取り付け
林道に縦断勾配がある場合は、派生する集材道は勾配を緩くする(ホッホフィヒト市)。

架線集材線

　架線集材作業のための伐開線も細部路網に含まれる。基本的に架線集材長は400～500mのスパンであるため、約20m/haの自動車道網が必要である。上げ木集材の方が下げ木集材よりも技術的に容易であることを考慮しておく。全木集材と林道上での造材作業、または中央処理施設での一括処理システムを1つの理想形として実現する努力が求められる。

貯木場

　基幹路網と細部路網の接点で、運搬が一度中断され、一定期間、中間貯木が行われる。路網による細部開発と同時にその目的に沿った形での中間貯木場（土場）を準備すべきである。適切な準備により、貯木材の品質維持、貯木場の設営費用削減が容易となる。表4に『森林経営基盤整備の基本思想と計画』をもとに貯木場種類をまとめる。

表4　貯木場種類

貯木場種類	特徴
長材貯木場	長材の貯木には、自動車道上での地引き集材を避けるため、搬出路または集材道の出口に設けるべきである。平坦地では道の両側、斜面では道の下側に、全幹材の材長に合わせた長さと、近代的な荷役機械の届く範囲の5～8mの幅で設ける
短材貯木場	搬出路や集材道の出口からの距離はさほど重要ではないが、適当な場所に集中、もしくは分散させて、短材の長さに合わせた幅で設ける
造材土場	使用機械に合わせて幅、長さを設ける
長期貯木場	雨状潅水しながら貯蔵するため、排水と潅水設備がいる。貯木容量は500㎥以上が望ましい

オーストリア共和国の林道事例

林道入口

写真18 林道入口（チェコとの国境近く）
林道（Forststrasse）の標識。白地に赤丸は進入禁止を意味するが、下にfreihalten（開放中）と記されている。

写真19 写真18の林道の集材道入口と側溝をまたぐための暗渠
平坦地であるため、側溝が深く掘られ、林道が乾燥状態にあるように配慮されている。

中央ヨーロッパ

オヨス森林経営会社の幹線林道、支線林道、集材道、搬出路

写真20　ウィーンの北に位置するホルン市（Horn）の貴族オヨス家の森林へ行くための一般道から分岐した林道入口

公道の両方向への通行を可能にしたい場合には、交通安全上、直角に林道を取り付けるが（『森林経営基盤整備の基本思想と計画』）、ここでは角度をつけて2本の林道が別方向に作設されており、林道の出入りの方向が決められている。どちらも写真18と同様に標識の赤丸内には「Forststrasse」（林道）と書かれ、この奥に簡単なゲートがある。オヨス家はスペイン王国に出自する貴族の家系であり、神聖ローマ帝国フェルディナント1世国王のお供として、1525年オーストリア北東部（Lower Austria）に移住してきた。オヨス家の600haの所有林をオヨス森林経営会社（Hoyos Forest Enterprise）が経営管理している。

写真21　オヨス森林経営会社の幹線となる幅員5mの林道

地形が急傾斜な南オーストリアのアルプス地帯とは異なり、現場はチェコに向かって平坦地が続いている。横断面はかまぼこ型で分散排水がなされている。平坦地でしかも分散排水が機能しているためか、側溝はない。施業区域は碁盤の目に区切られており、貴族時代に馬車を用いて搬出したり、戦争時には森林内を移動したりしたこともあり、馬車やそりの幅（2m）程度の幅員ではあったが、路網は古くからあったという。

写真22　写真21の造林地の狩猟小屋

皆伐跡の造林地はシカの食害があるため、シカ食害対策のチューブにより苗木の保護をしている。また、狩猟での対策も行い、狩猟小屋が設置されている。

写真23 ブナを伐採してヨーロッパアカマツ（スコッチパイン、Pinus sylvestris）を残した施業地付近の支線林道

砂岩地帯であり、横断面は平らである。低標高（500m以下）かつ平坦地であるため、一年中施業を行うことができるのは強みではあるが、土壌の乾燥に悩まされている。高価値材であるドイツトウヒが育ちにくく、今後の経営方針を模索している。

写真24 オヨス森林経営会社の幅員3.5～4mの林道と集材道（右）

集材道は施業地に向かって林道から角度をつけて取り付けられている。高価値材となるドイツトウヒの間伐にハーベスタを導入している。機械の車幅3.0m、林道は幅員3.5mで45～50t車の走行を前提にしている。

写真25 写真24の林道に直角に張り巡らされた搬出路に入っていくハーベスタ

搬出路は林道に直角に張り巡らされている（表3参照）。ハーベスタの機種はバルメット（Valmet）911.4ベースマシンと360.2ハーベスタヘッド。ハーベスタのリーチを生かした2回目の間伐作業。2～3年前にも間伐している。ハーベスタは直径60cmまで対応でき、皆伐ならば200㎥/日の生産性を上げられるが、間伐では25～30㎥/日とのこと。胸高直径20～30cm程度、樹高12～13mになった時点で初回間伐を行うことにしており、初回間伐は経済的に利益が得られないため、枝葉は林床に敷き詰めて、ハーベスタによる土壌撹乱低減に利用する。選木はフォレスターではなく、ハーベスタのオペレータが行ってよいこととなっている。

中央ヨーロッパ

道路工事用機械

写真26　トラクタに取り付けられた集材道の路面スタビライザ(ホッホフィヒト市)

写真27　林道工事用クラッシャ(ホッホフィヒト市)

人材育成－ウィーン農科大学－

人材育成には専門のコースを持つ林業関係の学校が全国4箇所にあり、それらの役割は、林業分野で博士号を取得できるウィーン農科大学（Universität für Bodenkultul Wien、BOKU）と、修了後、国家試験に合格すると森林官の職位を取得できる国立Bruck森林技術専門学校、森林作業員、森林マイスターとなるためのOssiachおよびOrt森林研修所に分かれている（オーストリア大使館商務部 2013）。

ヨーロッパの林業に関する大学ではドイツが歴史があるが、オーストリアはドイツに範をとる一方で、ドイツと同じ4年制ではドイツに勝てないとし、卒業を1年延ばして5年目に数学や土木工学を履修させ、工学を強化した。現在は多くのヨーロッパの大学と同様にボローニャプロセスを採用している。すなわち、学部3年、修士2年の一貫教育を行うが、学部3年で卒業することもできる。

林道の設計はウィーン農科大学を卒業したフォレスターのみが行うことができるとのことである（相川 2010）。土質研究室は、土質工学の教育施設が充実していると同時に、たくさんの土壌サンプルを体系的に効率良く分析できる設備も整っている（**写真28**）。しかし、ウィーン農科大学では毎年およそ100人程度が林学科に入学していたが、教科内容が旧態依然であったため、2008年には30人しか入学しなかった。環境科学やバイオテクノロジーの生物科学分野に学生が流れてしまったとのことであり、最近は入学生が70人くらいと低い水準であることが気がかりであるという。

写真28　ウィーン農科大学の水・大気・環境学部水利・水管理部門(Hydraulics and Rural Water Management)土質研究室
写真は一度にたくさんの試験ができる透水性試験装置。これだけの最新の設備が揃っていると、試験地の研究のみならず、試料の分析受注なども可能であろう。

引用文献

相川高信 (2010) 先進国林業の法則を探る 日本林業成長のマネジメント．210p. 全国林業改良普及協会

Austrian Federal Ministry of Agriculture, Forestry, Environment and Water Management (2016) Austrian Forests are Full of Potential Energy. https://www.bmlfuw.gv.at/english/forestry/Austriasforests/Austrian-forests-are-full-of-energy.html (2016/7/3参照)

Dietz P, Knigge W, Löffler H (神崎康一・藤井禧雄・古谷士郎訳) (1988、原著1984) 森林経営基盤整備の基本思想と計画―路網を中心とした森林経営環境の改良―．325p. 林土連研究社

EUROSTAT (2016) Agriculture, Forestry and Fishery Statistics 2016 Edition. 224p.

FAO (1994) FAO Forestry Paper No.133. Contributing to Environmentally Sound Forest Operations. 132p.

FAO (1998) Proceedings of the Seminar on Environmentally Sound Forest Roads and Wood Transport. 424p.

FAOSTAT (2015) Forestry Production and Trade. http://www.fao.org/faostat/en/#data/FO (2018/4/16参照)

Möller A (メーラー アルフレッド、山畑一善 訳) (1984、原著1922) 恒続林思想．211p. 都市文化社

オーストリア大使館商務部 (2013) オーストリアの森林教育・森林技術者の育成と支援．67p.

小澤岳弘 (2014) オーストリアの林内路網について．フォレストコンサル137号：9-15

丸井英明 (2016) オーストリアの治山技術の歴史－その変遷と日本への影響．フォレストコンサル146号：9-23

酒井秀夫 (2004a) オーストリアの林業経営とデンマークのバイオマス利用－2003年ヨーロッパ視察報告－．林経協月報508：1-9

酒井秀夫 (2004b) 作業道－理論と環境保全機能．281p. 全国林業改良普及協会

中央ヨーロッパ
ドイツ連邦共和国
Federal Republic of Germany

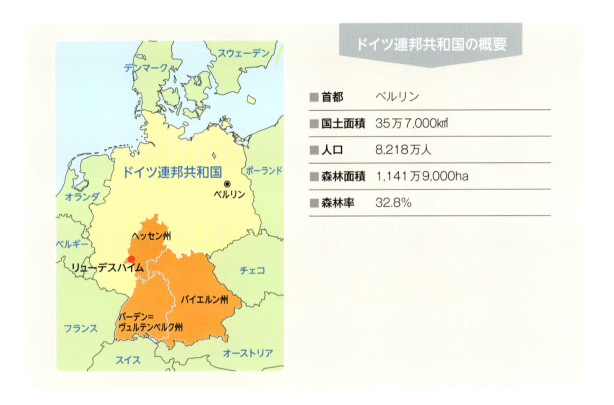

ドイツ連邦共和国の概要

■首都	ベルリン
■国土面積	35万7,000km²
■人口	8,218万人
■森林面積	1,141万9,000ha
■森林率	32.8%

ドイツ連邦共和国の林道

連邦森林法と州の林道規程

　ドイツ連邦共和国には連邦森林法があり、林道に関する明確な定義は規定されていないが、連邦森林法に基づいて各州の森林法が州の条件を考慮して林道を定義している。ここで、林政総研レポート『欧州林道と環境保全−過渡期にあるドイツを中心に−』(1998)（以下、林政総研レポート）より、連邦森林法の第2条と第14条を引用する。

第2条　森林
(1) この法律における森林とは、森林植生で覆われている個々の土地を言う。皆伐または漸伐された跡地、林道、森林区画帯および防火帯、林内の裸地および樹木のない場所、林間放牧地、野生動物の餌場、土場並びにその他森林と一体となり、これに資している土地も森林に該当する。

第14条　森林の立ち入り
第1項　何人もレクリエーションの目的のために森林に立ち入ることが許される。サイクリング、療養用椅子による走行および森林内の乗馬は、車道およびその他の道路上に限り許される。森林の立ち入りは、自らの危険負担の下に行われる。

第2項　詳細については、各州がこれを規定する。各州は、重要な事由、特に、森林保護、森林施業および管理の事由から、森林訪問者を保護し、著しい被害を回避し、また森林所有者のその他の保護に値する利益を保障するため、森林の立ち入りを制限し、および森林の立ち入りと全部または部分的に同等の他の利用の方法を定めることができる。

　したがって、林道は森林の一部であり、私有林の路網開設は森林の保続的経営のための前提条件であると同時に、一般公共の利益に関わることから、多くの州で路網開設の補助金が助成されている。森林訪問者を保護し、森林所有者の利益を保障するために、森林の立ち入りを制限することができるが、市民は、自らの危険負担の下にレクリエーションの目的のために森林に立ち入ることが許されている。バーデン＝ヴュルテンベルク(Baden-Württemberg)州のバーデン・バーデン(Baden-Baden)温泉療養施設が、娯楽施設というよりは療養に重点が置かれているように、ドイツ

写真1　リューデスハイム(Rüdesheim、ヘッセン州)の林道を散策する家族連れ
横断面はかまぼこ型で立派な林道である。路傍のカタツムリを愛でたりしながら、森林散策を楽しんでいる。

国民の健康志向が高いといえる(**写真1**)。

本書も林政総研レポートによるところが大きいが、林政総研レポートもバーデン＝ヴュルテンベルク州の紹介では、オーストリアで詳述した『森林経営基盤整備の基本思想と計画─路網を中心とした森林経営環境の改良─』からの引用があり、実務においては、オーストリアと同様、P. Dietz、W. Knigge、H. Löfflerが著した『Walderschliessung』(1988)が教本として活用されているものと思われ、現に装丁を変えて版を重ねている。

林政総研レポートの他にも、北村昌美『森林と文化─シュヴァルツヴァルトの四季』(東洋経済新報社、1981)、山縣光昌訳(Jost Hermand著)『森なしには生きられない─ヨーロッパ・自然美とエコロジーの文化史』(築地書館、1999)等があり、ドイツの森林・林業の理解の手引きとなる。

バーデン＝ヴュルテンベルク州の林道

BW州の林道規程

バーデン＝ヴュルテンベルク州(以下、BW州)森林法において、林政総研レポートによれば、林道は「国有林、団体有林および私有林にある、公共の交通に供されていない道路」と定義され、「林道は、森林の施業および森林訪問者のレクリエーションを目的とする森林の基盤整備に資するものである」と規定され、林道は私道か特認公道である(『森林経営基盤整備の基本思想と計画』)。

『日本林道協会調査報告書』(1991)に基づいて、林政総研レポートに要約されているBW州の林道構造は以下のとおりである。

- 最高40tまでの重量の車両が通行できること。
- 勾配2〜8％、例外的に12％まで許可される場合がある。
- その地域の景観にふさわしい路線づくりが重要である。
- 最小半径は平地が50m、傾斜地が20〜25m。さらに半径を小さくする場合は、拡幅する。
- 車道幅員は3.5m、路肩まで入れて4.5m。
- 側溝の低幅は30cm。
- 林道の多くは砂利道で、敷砂利の量は路盤の硬軟による。
- 路盤に砂利を敷くときは、水はけが良くなるように、横断面をかまぼこ型にする。
- 砂利の大きさは3〜35mmで、表面は細かい砂で覆う。
- 舗装はコンクリートまたはアスファルトで行ったことがあるが、砂利を敷くよりもコスト高となるので、行われていない(しかし、その後、急斜面や農場に通じる道路などではアスファルト舗装がされている)。

細部路網の区分はオーストリアの項で述べたのと同様である(**100頁**参照)。

- 搬出路(林政総研レポートでは集材路)：支障木を伐採して砂利などを敷かず、伐採木の枝を敷いて、人が歩ける道。枝の上をハーベスタなどが通る。このようにすることで、ハーベスタがむやみに林内を走行して林地を荒らすことを防ぐ意味もある。搬出路間の間隔は、20〜30m。間隔は丸太の長さ、樹種によって異なるが、計画的に設定される。
- 集材道(機械道)：搬出路が作設できない傾斜25％以上の林地につくられる。構造は砂利を敷かないだけで林道と似ている。横断排水溝、暗渠などもつけられる。ウインチで丸太を引っ張り出せる間隔で設置される。80〜100mの間隔。
- 架線道(架線集材線)：集材道を開設できない傾斜50％以上の場合や、自然保護上路網開設ができない場合に設置される。設置箇所は、監督官庁による許可制となっている。

中央ヨーロッパ

バーデン＝ヴュルテンベルク州の林道事例

写真2　BW州バーデン・バーデンにほど近い黒い森自然公園における林道

車道幅員3mに幅60cmの路肩が両側につく。散策に多くの人が訪れる。

写真3　写真2と同じ場所の幅員2mの散策路

この先に滝があり、多くの人が歩いて訪れる。

写真4　ムンメル湖(Mummelsee)近くの500号線から派生している林道(Waldweg)

標識の形式は道路交通規則 (StVO) に定められた規則標識に則っている (『森林経営基盤整備の基本思想と計画』、本書96頁参照)。標識には林業作業のため閉鎖中とあり、ゲートには、私道につきここに駐車禁止の内容が書かれている。標識の下には、BW州森林法37条により、「道路交通法の規則や規制は林道上の交通に関しても生きている」ことが注意喚起されている。林政総研レポートによれば、林道(Forststrasse)は公共の管理下にあるような山林の中の大きめの林道であるのに対して、Waldwegは小さめの林道。Waldstrasseという用語もある。

バイエルン(Bayern)州の林道

写真5 ミュンヘンから北東約140kmに位置するレーゲンスブルク(Regensburg)近郊のThurn and Taxis社の林道上のハーベスタ(1994年)

機種はFMG Timberjack（現 John Deere）社製。路面はかまぼこ型で、幅員は車幅にちょうど良い。このあと林内を直登しながら伐倒、玉切りを行い、上にある林道に出て、下向きに降りながら同じく作業してくる。ドイツでは1990年1月から3月にかけて6,500万m³の風倒被害が発生し、この処理を契機に短期間に北欧からハーベスタなどが導入されるようになった（酒井 1994）。ハーベスタは遅れた間伐を取り戻すだけでなく、パルプ材やチップ材さえも商業間伐化することができる。立木を最適な成長状態に導き、価値生産を最適化することから、集材機械というより造林機械と見る向きもある。

引用文献

Dietz P, Knigge W, Löffler H（神崎康一・藤井禧雄・古谷士郎訳）(1988) 森林経営基盤整備の基本思想と計画―路網を中心とした森林経営環境の改良―. 325p. 林土連研究社

林政総研レポート (1998) 欧州林道と環境保全－過渡期にあるドイツを中心に－. 82p. 林政総合調査研究所

酒井秀夫(1994)インタフォレスト'94視察報告－ヨーロッパの林業機械開発の動向. 機械化林業491号：35-58

中央ヨーロッパ
スイス連邦
Swiss Confederation

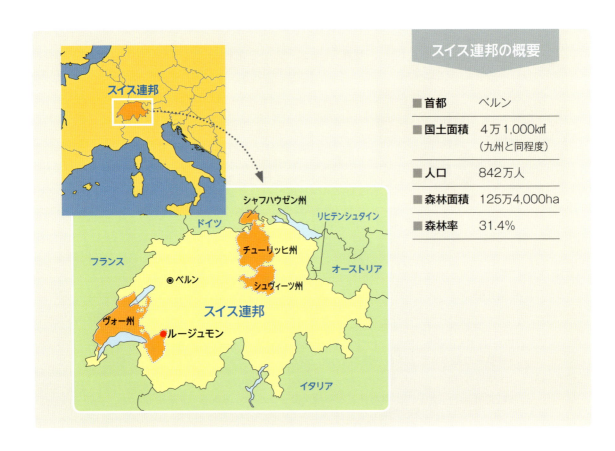

スイス連邦の概要

- 首都　　ベルン
- 国土面積　4万1,000km²（九州と同程度）
- 人口　　842万人
- 森林面積　125万4,000ha
- 森林率　31.4％

スイス連邦と州自治、森林資源

　スイス連邦は26の州（カントン）から構成される。州ごとに自治され、義務教育の制度も異なる。大学も州立であるが、ドイツ語圏とフランス語圏を代表してチューリッヒとローザンヌにある工学系の連邦工科大学（Eidgenössische Technische Hochschule、ETH）だけが連邦立である。なぜ工科大学かというと、医学や法学では設置された州によって不公平が生じ、工学ならば成果は国全体に行き渡るからとのことである。弁護士や医師は他の州に転居するときは許可を得なければならないという。

　州の自治と連邦国家であることの意識が強い。スイス連邦はEUに所属せず独自の枠組みで林業を行っており、隣国かつEU加盟国であるオーストリアやドイツなどに劣らない自国森林の活用を図っている。直接民主制が浸透していることから、産業は国民一人一人に向かって情報発信を行い、

理解と支持を得ることにも熱心である。

スイスの土地はユリウス・カエサルの『ガリア戦記』にも登場するケルト民族の1部族であるヘルウェティイ族が住んでいた土地であり、樹木信仰の歴史がある。そのような文化的背景と、自然資源に乏しいということから、スイス人は森林が美しい景観と国土を保全する役割を有していると認識し、暖を取るにも薪を愛用し、木造建築や先祖からの木製家具を大事にしている。森林は経済活動の場として、また民族的アイデンティティ形成に重要な役割を果たしてきた。森林と牧草地と湖水からなる景色が広がる一方で(**写真1**)、高速道路ではスイスを通過して物資を運ぶEU諸国の多くのトラックを見ることができる。

森林の所有は、州4.9％、連邦0.8％、自治体53.6％、個人27.3％、会社・団体13.3％である(Swiss National Forest Inventory 2017)。森林全体の蓄積量は4.3億㎥(373.9㎥/ha)であり、68％が針葉樹、32％が広葉樹である。樹種は、ドイツトウヒ、ヨーロッパモミ(Abies alba)、ヨーロッパブナが79％を占めている(Federal Statistical Office 2017)。

生産可能森林121万haからは年間900万㎥ほどの蓄積増加がある(EUROSTAT 2016)。年間伐採量は455万㎥で、内訳は製材用材と合板231万㎥、燃料材173万㎥、産業用丸太49万㎥である(Federal Statistical Office 2017)。

林業政策—森林経営目標とフォレスター

森林経営の意思決定者(ディシジョンメーカー)は、国が認定するフォレスターである。フォレスターは職業訓練学校で専門技術を身につけ、市町村や州、企業や共同体によって雇用されている。フォレスターがいなければ森林経営を行うことができない。

2012年にスイス連邦政府の環境、交通、エネルギー、通信を司る省庁(Federal Department for the Environment, Transport, Energy and Communications)内の環境部(Federal Office for the Environment)によって『Forest Policy(森林政策)2020』が策定され、持続的な森林経営のための理想と目標、考慮すべき事項が述べられている。森林経営の目標は以下の11項目である。

1. 地元の状況を鑑みつつ、持続的に利用できる範囲で最大限の木材搬出を行うこと
2. 気候変動緩和のため、CO_2排出を最大限減らすような木材の利用を行い、社会の求めるサービスを提供できるような弾力性のあるエコシステムを保持すること
3. 自然災害から人々やインフラを守るための

写真1　リギ山(Rigi Kulm)から望む湖畔の森林と放牧地(2002年)

森林サービスはスイス連邦全土において同じ水準で保証されること
4．生物多様性の向上のために、天然林、または自然に近い方法で管理されている森林内の生物種を保護すること
5．景観の多様性をもたらし、地域の発展を目標とするが、森林は基本的に空間面積が減少されないこと
6．金銭的な保障を行い、森林の所有権にとらわれず効率の良い林業が行えるように産業構造を改善すること
7．土壌、飲料水、樹木に森林経営による物理的ダメージを加えないこと
8．生態系活動の範囲を超える害虫などによるダメージから森林を守ること
9．森林内に住む野生動物のために十分なスペースと静けさを維持し、狩猟は野生動物の雌雄比や頭数を考慮して行い、野生の有蹄類による天然更新の阻害を最小限にすること
10．森林内でのレジャーやレクリエーションを推奨し、訪問者が満足するサービスを提供すること（**写真2**）
11．常に最高の管理技術を有する教師による森林教育を行い、効率の良い問題解決に向けた科学的研究をすること

以上のように、環境、経済、教育の分野から多様で総合的な目標が設定されている。

スイス連邦の林道

林道の種類と規格

スイスの林道には高規格で長期間の使用に耐えうる耐久性が求められており、林業目的のみならず生活道路や観光道路など、林道の機能は1つに限定されていない。林道は地元との関係が非常に重要視されており、景観や環境に配慮して、人工的な構造物は最小限にし、できるだけ自然物を利用した施工が推奨されている。

林道の作設指針は、ETH Zurich校教授Edouard Burlet博士の『Detailprojektierung von Wald- und Güterstrassen（林道建設計画）』（Burlet 2003）にまとめられている（**表1**）。

林道の種類は到達道路（access road）（筆者注：FAOの定めるaccess roadは、人員や物資などを森林内に導くものとされ、道路の規格や質は問われない。幹線となる運材道路が多いが、低規格のものは格上げすべきとある（FAO 1977）。ここでは伐採現場に進入するための作業道レベルといえる）、集荷道路

写真2　チューリッヒ郊外にある連邦工科大学の演習林（2002年）
国有林の借地であるが、市民が散策などに利用している。車両止めの石が面白い。

(collector road)、連結道路 (connecting road) の3種類であり（写真3、4）、交通量、車両種類、走行速度が林道の種類によって異なっており、これらは連邦法によって規定されている。林道の交通量は一般道に比べて少ないため、1車線で作設することができる。

天然更新、択伐と林道

スイスに多い天然更新と択伐が特徴的なPlenter forest（筆者注：語源は独語Plentern択伐に由来）では森林の蓄積量が一定となるように択伐を行うが、長期間にわたるフォレスターによる管理とデータ収集によって決められている目標蓄積量は、森林が保持できる最大の蓄積量ではなく、

表1 スイス連邦の林道種類

林道種類	機能	特徴	交通量の目安（台/日）	速度（km/h）
到達道路（access road）	作業現場への到達	期間限定の通行に限る（必要なときのみ）	1～3	20～30
集荷道路（collector road）	異なる作業現場からの車両が集まる	到達道路よりも交通量が多い現場への良好なアクセス	5～15	20～40
連結道路（connecting road）	農村、牧場、アルプス地帯などと接する	多い交通量　いつでも通行が可能	30～50	30～60

写真3　ルージュモン(Rougemont)共同体が管理している山岳林におけるアスファルト舗装された連結道路(connecting road)

共同体にある7,800haの森林のうち98％が公有林である。残りの2％の私有林は現在集約化が進められている。Plenter forestという経営方針で、大径で良い形質の林木を育成している。

写真4　トラクタ走行を想定している到達道路(access road)

写真3の連結道から、トラクタの通行を想定した未舗装の林道が何本も開設されている。択伐を行う前に林道の草刈りなどの整備を行う。

林床にある程度光があたり天然更新が可能な程度の蓄積量としている。

林道作設時の環境配慮

林道作設時には前述の交通量や工学的な規制だけでなく、環境にも配慮しなければならない。その要点は、
- 景観を乱さないこと
- できるだけ自然物を利用して施工すること
- 人工的な構造物を最小限にすること
- 周囲の土地や森林を傷つけないこと
- 交通量は最小限であること

の5点である。

スイスの林道密度

スイス連邦の林道密度を**表2**に示す。林道密度は全体で26.8m/haであり、低地や高地、所有形態によって密度が異なっている。低地では42m/haの密度を誇っている。高原では林業用というよりも観光道路や生活道路としての役割が強い。政府（国、州）からの補助の度合いや基準が異なっているため、地域差が生じている。現在もスイス連邦では新規の林道開設が行われているが、既存の路網には現在の大形車両の進入が困難な場所があるため、新規林道の作設か既存の路網の整備かは意見が分かれているところである。

表2　スイス連邦の林道密度(2004年の値)

所有形態	低地 m/ha	低地 ±%	高原 m/ha	高原 ±%	全体 m/ha	全体 ±%
公有	48	2	12.8	4	28.7	2
民有	31.8	3	11.3	5	22.7	3
全体	42	1	12.4	3	26.8	1

出典：National Forest Inventory (2011)

スイス連邦の林道事例

シュヴィーツ（Schwyz）州の自然保護区

写真5　自然保護区の看板

シュヴィーツ（Schwyz）州の自然保護区内のグシュヴェントヴァルト（Gschwändwald）の林道施工現場手前の自然保護区の看板。2006年から開始された自然保護区制度は、生物多様性と景観の観点から自然を保護していこうとするものである。この保護区は訪問者に生物多様性や景観の保護について注意喚起をするという面も強く、人の進入を拒み、林道の施工を許さないというような性格のものではない。

写真6　写真5と同じ地区の林道施工現場

農家の住居を通り過ぎ、行き止まりであった箇所から林道施工が始まっていた。水がたまりやすい現場であり、水はけを良くするために土壌改良剤と排水のためのパイプが用意されていた。

写真7　狭くて急な林道

林道は大形トラックの走行も可能となるように設計されているとのことであるが、現場に入る手前の林道が一部狭く急な部分があり、その部分を改良しないことには大形トラックが入る事は難しいとのことである。運材システムに応じた道路拡張が必要であるが、現状は追いついていない。このような問題点は、地域を管理するフォレスターが常時把握し、森林を利用する場合に適切な処置を施すことができるよう多面的な視点から情報を管理している。

グシュヴェントヴァルトのレジャー色の強い林道

写真8　林道入口の注意標識
標識には「林業農業関係者以外は林道につき自己責任で通行するように」という注意書きが書かれている。

写真9　ハイキングコース
林道の入口にはバーベキュー施設と駐車場が設置され、ハイキングコースと接続している。スイスのハイキングコースでバーベキュー施設はよく見かける。自分で薪割りを行い、食品を持参すれば誰でも気軽にバーベキューを楽しむことができる。薪の無人販売所もある。

写真10　アスファルト舗装された林道
側溝までアスファルトで固められている。林業や農業以外にもレジャーやレクリエーションなどの使用頻度が高い場合にはアスファルトで舗装することが多いという。使用頻度は少ないが、民家があるために砂利道では都合が悪い場合には、コンクリートやアスファルト舗装することがある。費用負担はその都度異なっており、協議が行われる。

集材現場—2004年の記録

写真11　シャフハウゼン (Schaffhausen)州の道を行く小径木用フェラーバンチャ

写真12　プロセッサ付タワーヤーダによる下げ木集材

タワーヤーダはスイスHerzog社製Grizzlyタワーとオーストリア Konrad社製スカイラインクレーンWoodlinerおよびハーベスタWoodyを組み合わせている。投資額が高額になるため、専門の業者がスイス全国を請け負って作業を行っている。

写真13　林道沿いの土場とトラック

一定の径級に達した材を伐採する択伐林からの材とうかがえる。

引用文献

Burlet E (2003) Detailprojektierung von Wald- und Güterstrassen. 76p. ETH Zurich.

EUROSTAT (2016) Agriculture, Forestry and Fishery Statistics 2016 Edition. 224p.

FAO (1977) Planning Forest Roads and Harvesting Systems. 148p.

Federal Office for the Environment (ed) (2013) Forest Policy 2020, Visions, Objectives and Measures for Sustainable Management of Forests in Switzerland. 66p. Federal Office for the Environment, Bern.

Federal Satistical Office (2017) Forestry in Switzerland. Pocket Statistics. 6p.

Swiss National Forest Inventory (2017) NFI Knowledge about the Swiss Forest. http://www.lfi.ch/index-en.php (2017/8/16参照)

スイス連邦の林道構造基準

スイス連邦の林道構造基準の特徴的な点について、ETH、Burlet教授の著作（2003）に基づいて述べる。

車幅2.55m、トンネルの幅員は4mとし、幅員は車幅に速度由来の係数1.3～1.5を掛けたものとする（表1）。

直線と曲線を接続する場合、
- 2つの曲線を接続する場合は10m以上の間隔を空けなければならない
- 同じ半径の曲線は2つ連続することができる
- S字カーブ（背向曲線）は各半径の比がr_1/r_2=0.5～2.0の場合に連続することができる。

（筆者注：曲線部の連続は一般に避けることが望ましいが、同じ半径の曲線やS字カーブが認められている）

最小曲線半径は、走行速度と車両種類によって決められる。走行速度と最小曲線半径の関係は表1に示すとおりである。

車両種類からみた最小曲線半径は、トラックの場合8m、フルトレーラの場合、車両旋回図から求めて9mである。

長尺材を運搬する場合、最小曲線半径は旋回図から求め、丸太長が16mのとき9m、20mのとき11m、24mのとき20mである。

（筆者注：長尺材に対する曲線部の規定は、景観を配慮しながら、急傾斜地に効率的に路線設定したり、択伐で収穫された長尺材運搬の需要が背景にあるものと思われる。長尺材の曲線部通過旋回図の原型は、ウィーン農科大学のFranz Hafner著『Forstlicher Strassen- und Wegebau（林道と林道工事）』(1971)に見ることができる。）

曲線部における拡幅wは左右各0.5mであり、車両種類と曲線半径rによって決まる（表2）。

林道の縦断勾配は最大12%であり（小規模地方道（Güterstrassen）は15%）、3～8%の間が理想的である。その理由として、
- 安全かつ速い走行が可能であること
- 林道上での作業と木材の椪積みが容易であること
- 未舗装であっても維持管理費を抑えられること

が挙げられる。

小さい曲線半径（8～20m）における縦断勾配は、r：道路中心線の曲線半径、r_{iR}：曲線内側の曲線半径、V：道路中心線の縦断勾配、V_{iR}：曲線内側の縦断勾配とすると、$r_{iR} \ll r$ すなわち $V_{iR} \gg V$ より、

$$V_{iR} = V(r/r_{iR})$$

表1　道路種別幅員・走行速度・最小曲線半径

道路種類	幅員	走行速度	最小曲線半径
到達道路 (access road)	3.2～3.4m	20km/時	20m
集荷道路 (collector road)	3.4～3.6m	30km/時	30m
連結道路 (connecting road)	3.6～3.8m	40km/時	50m

が成り立つ。これより求めた曲線内側の縦断勾配が10％以上ならば不許可、8～10％ならば特殊な環境下の場合に限り許可、8％以下ならば許可となる。

流水のある箇所では、水が道路に溢れ出ないように流水のある箇所に向けて6～10％の縦断勾配をつけて下がり、洗い越しを設置する。

路肩幅は0.5～1mで、路肩の効果には
- トラックの荷重によって構造物が道路外へ押し出されないようにすること
- 視覚的に道幅を見やすくすること

の2つがある。

路肩の種類には、道路表面よりも盛り上げられた路肩、道路表面と同じ高さの路肩、道路表面から道路外へ下り勾配のついた路肩の3種類がある。

それぞれの特徴は以下のようになる。

道路表面よりも盛り上げられた路肩：路肩と道路の区別がつきやすく、路肩のダメージが少ないが、排水施設が必要

道路表面と同じ高さの路肩：排水施設は不要だが、路肩がダメージを受ける

道路表面から道路外へ下り勾配のついた路肩：排水施設は不要だが、路肩がダメージを受ける

林道は1車線であるため、到達道路（access road）と集荷道路（collector road）の場合は150～200mごとにすれ違い用の場所を設ける。300～500mごと、または行き止まりの部分には車回し（round about）を設け、すれ違い通行を容易にする。拡幅による待避所を設けてもよい。

表2　曲線部拡幅量

r (m)	8	9	10	11	12	13	14	15	16-18	18-20
$w = 36/r$	-	4.0	3.6	3.2	3.0	2.8	2.6	2.4	2.2	2.0
$w = 18/r$	2.2	2.0	1.8	1.6	1.4	1.4	1.2	1.2	1.0	1.0

20-22	22-25	25-30	30-35	35-45	45-55	55-70	70-100	100-200
1.8	1.6	1.4	1.2	1.0	0.8	0.6	0.4	0.2
0.8	0.8	0.6	0.6	0.4	0.4	0.4	0.2	-

上段は4軸フルトレーラ、5軸セミトレーラ。下段は2軸、3軸、4軸トラック。

東ヨーロッパ
南ヨーロッパ

- ポーランド
- チェコ
- ウクライナ
- イタリア
- スロベニア 1, 2, 3（林道構造と林道規則）
- クロアチア
- ボスニア・ヘルツェゴビナ
- セルビア
- スペイン

東ヨーロッパ・南ヨーロッパ
ポーランド共和国
Republic of Poland

ポーランド共和国の概要

- 首都　　ワルシャワ
- 国土面積　31万2,000km²
- 人口　　3,844万人
- 森林面積　943万5,000ha
- 森林率　30.8%

ポーランド共和国の林業概要

国有林と国営森林経営企業

　ポーランド共和国は1989年から始まった政治的な改革によって、林業の体制も大きく変わり始めた。1990年代初めから開始された林業分野の集中的なてこ入れによって、2010年には約4,200企業あるが、そのほとんどが10人以下の小規模な林業事業体である(Gerasimov 2013)。

　ここで、ポーランド国有林の歴史を簡単に紹介する(Lasy Państwowe ウェブサイトより)。1920年に、農業国土省(Ministry of Agriculture and National Property)の指導の下、国全体に4つの営林局が設けられ、1924年にはポーランド国有林が当時の大統領のもとに認可され、国有林として活動を始めた。1930年代には、林業に関する法や税制の整備がなされた。この後第2次世界大戦によりこれらの改革を進めていた国有林初代長官Adam Loret氏がソビエト連邦に逮捕され、そのまま帰ってこなかったため、ポーランド林業の歩みは一時中断となる。

　第2次世界大戦後、国有林は徐々に復興していく。そして1991年に定められたポーランド森林法(『Forest Act』)は、1994年に環境省(Ministry of the Environment)管轄下で法的拘束力を持ち、このとき、現行の国有林管理を行っているState

Forest National Forest Holding (State Forest NFH) "Lasy Państwowe" の組織構造が法的に定められた。環境省に任命された国有林長官—全国17地域の管理局(Regional Directorates)—全国430地区の営林署(Forest Districts)という構造である。

　State Forest NFHは法人格を持たず(non-legal personality)、税金は利用せず、自らの財源のみを使って森林を管理することを基本としている。これにより、国の意思から独立し、また国の財政に負担をかけることなく森林管理を行うことができる体制をつくっている。「自らの財源」というのは森林基金(Forest Fund)のことを指し、基金を元手に木材産業で得た利潤を用いて各営林署は運営され、余剰分は基金に寄付される。財政難の営林署にその利潤を分配することで、全体の均衡が保たれるようになっている。森林基金は国有林のほか、教育、研究、建設業、森林経営計画準備などにも出資されている。

　1990年代の半ばから国有林経営の民有林化が進み、入札方式で管理事業体を決めている。ポーランドの森林は、2016年には約910万haであり、そのうち約740万haの森林をState Forest NFHが管理している。State Forest NFHは約2万4,000人を雇用するヨーロッパで最大の国営森林経営企業であり、その年間伐採量は3,300万m³を超える(The State Forests 2009)。私有林はポーランドの森林のうち、面積にして19％である。

森林蓄積と更新

　平均蓄積量は257m³/haで、森林全体の年間蓄積増加量は7,000万m³である。林地の84％が低地、9％が山岳地帯であり、効率の良い作業を行うことができる平坦地が多い(Gerasimov 2013)。

　2010年には森林の更新は90％が植林によって行われている。マツの植林が17％と最も多く、次いでドイツトウヒ、カラマツ($Larix\ decidua$)、モミなどの針葉樹が続き、ヨーロッパハンノキ($Alnus\ glutinosa$)、セイヨウトネリコ($Fraxinus\ excelsior$)、カバノキ、ナラ($Quercus\ robur$)、ブナと続く。間伐材に対するパルプ材の需要が多いため、伐採材積の51～60％が間伐によるものである(Gerasimov 2013)。

森林の経営方針―『ポーランド森林法』

　最も重要な経営方針は1991年に定められた『ポーランド森林法(The Act of Forests of Poland)』である。その中でポーランドの森林経営の目的は以下の4つである。
1．自然のバランスを保ちながら、森林が環境、健康、生活に与える良い効果を保持すること
2．森林保護
3．荒廃地の土壌の保護
4．木材や林産物を最高の価値で生産すること

　ポーランドは農業国であるが、2020年までに面積にして最大30％、2050年には最大33％の森林面積の増加を目指している。1期を5年として1995年から植林プログラムを進め、2014年までに50万haの新規森林が誕生した(Lasy Państwoweウェブサイト)。現在、干ばつや虫害、山火事などの影響を受けやすく、農地に適さない土地を林地にするため、市町村の所有地や私有地での植林を推進しており、植林費用や維持費を補助している。

　エネルギー政策として、再生可能エネルギーの比率を2020年までに15％、2030年までに20％に増やし、CO_2排出量とエネルギー消費量の削減を掲げている。再生可能エネルギー源として木材が使われていたが、過剰な伐採から森林を保護するために、経済省(Ministry of Economy)は2015年から木質バイオマスエネルギーのすべてを農業由来のバイオマスとエネルギー作物によって代替し

ようと考えている。2015年以降は、製材端材や林地残材は発生場所もしくは5MW以下の発電所で利用される（Gerasimov 2013）（筆者注：地域内でのエネルギー配送・供給はZEB（ネットゼロエネルギービルディング：エネルギーの自給自足により化石燃料エネルギーをゼロにする建築物）普及の取り組みの一環となる）。ヒマワリの油を搾った後の殻や麦わら、オリーブの種など、農業廃棄物のバイオマス利用を進めている。クラクフには世界でも屈指の農業バイオマスを利用した発電施設がある。

ポーランド共和国の林道

クラクフ農科大学（University of Agriculture in Krakow）のGrzegorz Szewczyk博士への聞き取りをもとに、同Janusz Sowa教授から得られた内容を加えてポーランド共和国の林道をまとめてみる。

ポーランドの林道は
・ほとんどメンテナンスがされない
・幅が狭い
・重機の重さに耐えられない
・すれ違うときに混雑することがある
・都市へのバイパスがない

という問題点が指摘されており、林道の機能を発揮できていないのが現状である（Gerasimov 2013）。

平地が多いため、整備された林道では砕石と土で路体を構築しており（写真1）、集材路（skid trail）は土を削って作設している（写真2）。また、整備されていない林道は集材路に比べて幅広であるが、表面の損傷が目立っている（写真3）。

林道密度は各地域の産業割合、農地割合、人口によって幅広く分布しているが、およそ9m/haである。農業農村開発省（Ministry of Agricultural and Rural Development）によれば、ポーランドの理想的な林道密度は14.6〜27.8m/haであるとされているため（Gerasimov 2013）、林道の作設が課題となっている。

林道の作設が遅れている原因として、林業の機械化が進んでいないために、林道の重要性が認識されていないということが挙げられている。2010年のポーランド全体のハーベスタは200台、フォワーダは350台である（Gerasimov 2013）。馬搬による作業も一般的に行われており、機械化と林道の作設は今後の課題である。特に急傾斜地の林道建設が遅れている。隣国チェコやウクライナは架線集材が行われているが、架線集材の実績も乏しい。

写真1　ポーランドの整備された林道
（Grzegorz Szewczyk博士提供）

写真2　ポーランドの集材路
(Grzegorz Szewczyk 博士提供)

写真3　ポーランドの整備されていない林道
(Grzegorz Szewczyk 博士提供)

写真4　集材方法に応じて等間隔で配置される集材路

林道の規格は通行車両に応じて決められている。集材路は集材距離に合わせて等間隔に配置されている（**写真4**）。

森林作業の事例―クラクフ地域森林管理局

森林への非到達率、林道密度

State Forest NFHの1管理区域であるクラクフ地域森林管理局（Regional Directorate of State Forest in Krakow, 以下クラクフRDSF）における森林作業の事例を紹介する。

クラクフ地域はポーランドの南に位置し、チェコ、スロバキアに接する。17万3,522haの管理森林のうち21.6％が低地、23.9％が高原、54.5％が山岳地帯と、ポーランドの中でも地形が多様である。それらの森林への非到達率を**図1**に示す。

条件付アクセス地帯（restricted areas）とは、気候条件の良い一定期間のみ搬出が可能であり、平均集材距離が地域平均の2倍程度である地帯をいう。アクセス不可能地帯（inaccessible areas）は、地形条件が厳しく、平均集材距離が地域平均の3倍程度となり、集材ができない地帯をいう。高地と山岳地帯で非到達率の違いがないことから、標高よりも傾斜条件と、路網密度による集材距離が到達率に影響を及ぼしていることがわかる。

クラクフRDSFの林道密度を**図2**に示す。低地は15.1m/haの密度であるが、その他は10m/ha程度である。また、低地や山岳地帯に関わらず整備された舗装林道は1m/ha程度しかない。この図から今後の林道整備が課題であることがわかる。

伐採費用

このような状況下における伐採費用を**図3**に示す。後期除伐（late cleaning）では大きい木のみ搬出するため、間伐（thinning）に比べて平均伐採費用が安い。高原と山岳地帯では集材路（skid trail）の開設維持に費用がかかったため、伐採費用が高くなっている。また、高原では林道と集材路の路網が少ないことも費用がかかっている原因になっている。

傾斜地作業に適した架線集材、タワーヤーダなどの検討を含めて、林道作設を進めていく必要があろう。

図1　森林への非到達率
（Grzegorz Szewczyk 博士提供）

ポーランド共和国

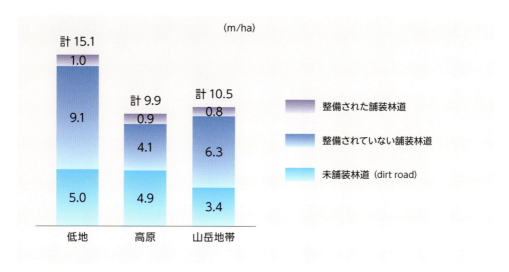

図2　クラクフRDSF管理下の林道密度
(Grzegorz Szewczyk 博士提供)

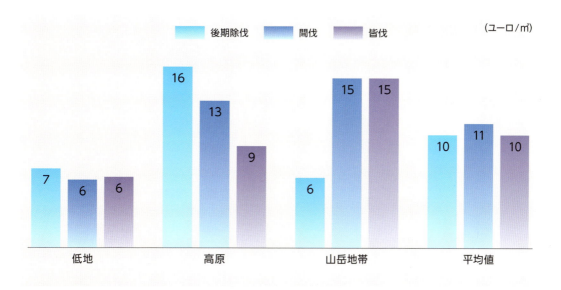

図3　伐採費用
(Grzegorz Szewczyk 博士提供)

東ヨーロッパ・南ヨーロッパ

林道と伐出作業の事例

クラクフ農科大学Grzegorz Szewczyk博士提供の作業現場の写真を紹介する。

写真5　農業用トラクタによる間伐材全幹集材作業

写真6　湿潤地での丸太道
湿潤地では丸太を敷き並べることがある。corduroy roadと呼ばれる。(カナダ1　21頁 corduroyも参照)。路面が安定するまで何層にも敷くことがあるとのこと。丸太道は日本でもパイロットフォレスト事業で試みられたことがある。

ポーランド共和国

写真7　農業用トラクタによる全木集材
ポーランドでは農業用トラクタが普及している。

写真8　農業用トラクタをベースとした
　　　　フォワーダ

写真9　北欧製フォワーダによる
　　　　林内積み込み作業
北欧製フォワーダは高価なため導入が遅れている。

東ヨーロッパ・南ヨーロッパ

写真10　林道沿いの椪積み

写真11　林道沿いの低い椪積み

写真12　広大な中間土場

引用文献

Gerasimov Y（2013）Atlas of the Forest Sector in Poland. METLA. 62p.

Lasy Paňstwowe. History.
　http://www.lasy.gov.pl/en/our-work/sf-national-forest-holding/history
　（2018/3/1参照）

The State Forests（2009）The State Forests in Figures 2009. 27p.

東ヨーロッパ・南ヨーロッパ
チェコ共和国
Czech Republic

チェコ共和国の森林概要

　チェコ農業省（Ministry of Agriculture of the Czech Republic）(2016)によれば、森林面積のうち、国有林が61.5％、公有林が17％、私有林が19％である。6億7,300万㎥の蓄積があり、平均蓄積は259.3㎥/haと、ヨーロッパ諸国の中で2番目にha当たりの蓄積が多い（筆者注：統計の取り方や施業によってこの順位は異なってくると思われるが、別の資料では、蓄積が多い順に、スイス348㎥/ha、オーストリア292㎥/ha、ドイツ268㎥/ha、チェコ266㎥/ha、スロバキア254㎥/ha、ポーランド221㎥/haとなる（State Committee of Forestry of Ukraine 2003））。250年以上にわたり持続的森林経営の理念を貫き通しており、それは現在、森林面積の71％がFSC森林認証もしくはPEFC森林認証を取得していることに表れている。

樹種として、ドイツトウヒが森林面積の50％を占め、針葉樹で72％が覆われている。森林面積の26％を占める広葉樹ではブナが多い。木材生産の他に、狩猟、釣り、養蜂も盛んである。養蜂は、チェコの地方都市ブルノで遺伝学の祖であるメンデルも学んでいる。

　1989年の体制変化に伴う国有林の私有林化への移行における小規模森林所有者の林業知識の不足、教育の必要性、機械の不足など、民有林林業がまだ軌道に乗っていない。

メンデル大学演習林の林道

　ブルノにあるメンデル大学（Mendel University in Brno）林業林産学部は、林学の他に木材工学も併設している。家具デザイン科では、針葉樹だけでなく高付加価値広葉樹にも重点を置いている。

演習林はTraining Forest Enterprise Masaryk Forest Křtiny (TFE) 社が管理しており、木材生産を行いながら持続可能な森林経営を実践している。演習林には製材所もあり、林学と木材工学の双方を実践的に学べる環境が整っている。

写真1　メンデル大学演習林
ブナ林。実践を重んじ、チェコの森林に適したトラクタけん引式のタワーヤーダを開発しており、Larixという名称で販売されている。近年日本にも輸入されている。路面の横断面はかまぼこ型になっている。

写真2　メンデル大学演習林の林道
斜めに敷設された横断排水溝。

写真3　横断排水溝
かすがいを交差させて板を固定している。

引用文献

Ministry of Agriculture of the Czech Republic (2016) Information on Forests and Forestry in the Czech Republic by 2015. 28p.

State Committee of Forestry of Ukraine (2003) Forest Management in Ukraine. 12p.

東ヨーロッパ・南ヨーロッパ
ウクライナ
Ukraine

ウクライナの概要

ウクライナは、クリミア半島、ヤルタ会談のヤルタ、映画「戦艦ポチョムキン」の舞台となったオデッサ、キエフ、チェルノブイリなど、地名だけでもなじみが深い。5世紀、キエフのキィ兄弟の建国が発祥である。西欧から見ればモスクワの手前に位置し、タタールのくびきといわれるモンゴル（元(げん)）の蹂躙、ハプスブルク家、ナポレオン、ポーランド、ナチスなどに領有され、第2次世界大戦後はロシアの支配下になった。まさに東西の交差点であり、1991年に独立し、ようやく陽の目を見る。カルパチア山脈のツーリズムや林業の発展が期待されている。ポーランドの国境に近いリビウ（Lviv）には、林業林産大学（National University of Forestry and Wood Technology）がある。

ウクライナの皆伐事例（2004年）

ウクライナ南西部のカルパチア山脈のスコレ（Skole）地方は、トウヒ、モミ、ブナ、ニレなどの針広混交林地帯が広がる。ここは13世紀、モンゴルの侵攻を川と地形を利用してくい止めたところでもある。森林率は76％で、人工林率は40％である。カルパチア山脈は木材生産、水土保全、生物多様性、学術的価値、レクリエーションとして重要な地域である。スポーツ、スキー、ホテルなどのツーリズムにも力が入れられている。東欧、中欧の水源地として、環境への配慮も欠かせない。リビウのフォレストユニオン（State Forestry Association（SFA）"Lvivlis"）は16の林業公社（State Forestry Enterprise）で構成されているが、ここにはSlavske林業公社の本社がある。木材の25％

が地元消費され、75％が販売されていく。

　スコレ地方のキクイムシの被害を受けたトウヒ80年生の衛生伐（sanitary cutting）の皆伐作業現場では、先山をチェコ製のタワーヤーダで集材し（**チェコ 写真1参照**）、スロバキアのZTS社LKTホイールトラクタ（スキッダ）（**クロアチア 写真4参照**）で林道の土場まで全幹集材していた（**写真1、2**）。1セット8人で、4人が伐倒、4人が集材と造材である。土場ではラバが待機していた。ウクライナではトラクタを導入するところまで経済が発達してなく、一般には馬で出材している。人力による単木択伐ということで、必要に応じて適宜伐採するので回帰年も定まっていない。全体に路網が未整備であるため、トラクタの集材距離が長くなり、能率の低下を抑えるとともに、トラクタ集材の集材路の勾配をゆるくして土壌侵食を減らすことなどが課題となっている。

写真1　トウヒの皆伐現場
チェコ製のLarixタワーヤーダで全幹集材し、作業道をトラクタで地引き運materialしている。林地の枝条残材は山火事防止のためにまとめられている。

写真2　トラック積み込みのための土場
ここで全幹材はチェーンソーで玉切りされてトラックに積み込まれる。製品はオーストリアなどに輸出される。

東ヨーロッパ・南ヨーロッパ
イタリア共和国
Italian Republic

イタリア共和国の概要

- 首都　　ローマ
- 国土面積　30万1,000k㎡（日本の約4/5）
- 人口　　6,070万人
- 森林面積　929万7,000ha
- 森林率　31.6%

イタリア共和国の共同体

　イタリアは共同体コミュニティ（comune、コムーネ）の自治組織が発達している。地方自治体の首長とは別に、共同体のトップはシンダコ（sindaco）と呼ばれ、5年ごとに選挙で選ばれ、共同体の円滑な運営に努めている。共同体は中世からの歴史的・文化的伝統を受け継ぎ、地方自治の最小単位として機能している。したがって、中山間地の道路体系もこうした社会的背景も踏まえた上で理解しなければならない。パドヴァ大学（Università di Padova）Raffaele Cavalli教授にイタリアの林業ならびに林道を案内、説明していただいた。

　国全体として農業、牧畜、観光が盛んであることから林業生産の比重は高くない。水量が豊富でないことから製紙産業も発達していない。人工林といえば北部のポプラ造林地を意味する。集材が行われている面積は、森林面積の11.6%であるという（酒井・吉田 2017）。ピザ窯が国民生活に不可欠であることもあり、ブナを主体とする薪材の需要が大きい。そのため市民の入林の機会も多く、林道は共同体の運営と密接な関係がある。

　現在、林道密度は16m/ha、集材路（skid trail）

密度は28m/haである。伐採が可能で、到達可能な森林から年間3,140万㎥の木材生産が可能とされているが、774万㎥しか生産されておらず、これから木材生産が伸びる余地が大きい（酒井・吉田 2017）。

ロアナ共同体

イタリア北部パドヴァ市の北に位置し、オーストリアと接するベネト州ロアナ共同体（Comune di Roana）をイタリアの事例として紹介する。

近くにはサンマーノ山（Monte Summano、太陽（サン）と月（ムーン）を意味する）があり、標高1,000〜2,000mの高原地帯で、かつては山岳鉄道があった。地域の人口は1万2,000人であるが、休日ともなるとツーリストが訪れ、4万人になり、ロアナ共同体市街地はツーリストで賑わう。オーストリアとの国境にはスキー場もある。産業は良質なチーズを産する牧畜と林業である。林相はドイツトウヒとブナが主体であり、モミも見られ、高標高域ではカラマツも生育している（**写真1**）。

共同体警察森林官が、共同体所有林の資源調査、森林経営計画、林道計画、林道整備などの森林管理と利用の巡視を行い、共同体の森林の価値に責任を持っている（**写真2**）。共同体警察森林官は3〜4人いる。

写真1　牧畜と林業の土地利用

写真2　巡視中の共同体警察

共同体の森林管理

共同体の住民は共同体に土地利用料を納めており、それを共同体の資金源としている。牧畜を営む人は、家畜の頭数に応じて土地利用料を納めている。

公道は県（provincia、プロヴィンチャ）が管理する県道（province road）で、冬の間は常に除雪される。林道は公共に開放されているが、共同体に属する。整備された林道は林業用に使われるほか、共同体に所属する地元の人々が、伐採跡の残材や広葉樹（主にブナ）を燃料用の薪として利用する際の道路としても利用されている。森林以外の放牧地では酪農が行われているため、製品の出荷、乳牛の移動などにも林道が使用されている。その他の人の進入は禁止されている（**写真3**）。入口にゲートを設けるかどうかは、森林所有者による。

トラックが通行可能な道を林道（forest road）と呼び、共同体管理の共同体道（commune road）でもある。

林道開設には州（regione、レジョーネ）とEUから90%の補助が共同体に出るため、共同体が支払うのは残りの10%で、その10%は林道開設時に自らの森林から産出する支障木を販売することで十分に補塡されている。林道開設費を差し引いて支障木販売の利益が残った場合は、共同体の予算に組み入れられる。

ロアナ共同体には70戸の牧畜家がいるが、林道の維持管理は彼らや農家が行う。災害復旧は州が行う。州が管理に責任を持ち、管理の実行は共同体警察が行う。

州の林道規程例

林道施工技術は全国的に体系化されているという訳ではなく、林道規程はイタリアの20の州ごとに異なるが、ほぼ同じである。トラックの走行を前提とし、車道幅員3mであり、曲線部は拡幅する。林道で利用されるトラックの積載重量は7.5tから最大15tである。縦断勾配は最大18%、平均8～12%である。切土のり面の形状は環境や雨水による。舗装の砂利厚は経験によっている。**表1**に事例としてトレント（Trento）が属するトレンテ

写真3　林道入口の標識
白い丸は関係者以外の立ち入り禁止を意味する。下にEU、イタリア、ベネト州共同によるインフラ整備の旨が示され、ベネト州が財政的イニシアチブをとり、ロアナ共同体が責任を有していることが記載されている。

表1　トレント自治県の林道規格

道路規格	車道幅員 (m)		路肩幅 (m)	路面	維持管理	用途	最大縦断勾配 (%)	最小曲線半径 (m)
	最大	最小						
林道（大形トラック通行可能）	4.0	3.0	0.5	舗装	必要	トラック トレーラトラック 林業用特殊車両（架線集材・チッパートラック） トラクタ（トレーラけん引可）	12 (18)	8
林道（一般）	3.0	1.8	0.25	舗装	必要	トラクタ（トレーラけん引可） 4x4車両	16 (20)	5
集材路	3.0	1.8	−	自然土	不要*	4x4ジープ トラクタ 林業用特殊車両（架線集材・チッパートラック）	16 (25)	4
林内歩道（forest path または forest trail）	1.2	−	−	自然土	不要*	−	−	−

カーブの拡幅：曲線半径と道路規格に応じて作設
片勾配：最大10%
縦断勾配：3〜8％が望ましい
＊：集材、運材が行われた場合は必要
出典：Provincia Autonoma di Trento, DECRETO DEL PRESIDENTE DELLA PROVINCIA, Bollettino Ufficiale n. 49/I-II del 06/12/2011（トレント自治県、県知事政令、公式文書no49,6/12/2011付）

ィーノ＝アルト・アディジェ州トレント自治県における林道規格の総括表を掲げる。

森林施業は伝統的な方法に則り、施業計画に従って伐採が行われる。施業委託と木材の販売方法は、立木販売と林内・林道端での丸太販売があり、すべて林内において木材の売買が成立している。木材市場はなく、共同体の公有林からの木材は公売にかけられる。

ロアナ共同体の林道

トラック道の密度は20〜26m/ha

写真4〜10は、昨年（2014年）作設して1年が経過したばかりの新しい幹線（main road）である。一般道と接続してトラックが進入、走行できるようになっているが、入口に**写真3**の標識が見てとれるように、関係者以外の立ち入りは禁止されている。

トラック道の密度は伝統的におよそ20〜26m/haとのことである。もともとは農業用トラクタが通行できる作業道であり、このような道は集材路（skidding trail）と呼ばれる。ここでは農業用トラクタに装着された簡易ウインチによる地引きの下げ木集材が行われていた。ウインチの線はskidding lineと呼ばれる。

昔は冬に重力を利用した地引き集材が行われていた。地面には石灰岩が露出しており、微小な起

イタリア共和国

写真4　一般道(州道)(右)と
　　　幹線(main road)入口

写真5　林道横断面

写真6　開設後1年の粗道状態

伏と急傾斜のため、地引き集材にとって望ましい作業条件ではない。地引き集材よりも架線集材の方が環境的にも労働面でも好ましいということから、タワーヤーダによる架線集材を導入し、土場に設置したタワーヤーダを中心に扇形に主索を張り替えながら効果的に間伐材を搬出した。ちなみにこの現場のタワーヤーダはイタリアのGreifenberg社製で、自走式搬器を使用する。集材距離を長くすることができ、トラックが直接土場まで進入してフォワーダによる小運搬も省略できたことから、経済性も向上した。

林道のメンテナンス

奥は急傾斜地区間で幅員を広くとったが、切土が急で高くなり、表面が砂質土なのでのり面が安定せず、供用までさらに1年待っている箇所があった（**写真7**）。状況を見て修理するが、開設から供用まで2年かかることになる。本格的な利用までにはさらに2～3年ほどかかり、10年の間には崩落した土の掃除など、繰り返しのメンテナンスが必要とのことであり、ここを案内されたパドヴァ大学Stefano Grigolato准教授も嘆いておられた。

石灰岩地帯では水が地中へしみ込むため、側溝や横断溝が省かれている（**写真5**）。それでも路面侵食は生じるので、交通量は多くなくても、耐久性と走行性に優れているコンクリート横断排水施設が要所に設置されている（**写真8**）。時間が経つと横断溝にはその機能を阻害する枯葉等がたまるが、その除去は容易であり、日々の巡回に伴うメンテナンスで十分とのことである。開渠にすると沈殿物（sediment）によって詰まったりするが、写真の方式ならば掃除も容易で、マウンテンバイクにとっても安全である。道路に対して斜めに設置しているので、トラックへの衝撃も少ない。

降水量は年間約800mmである。5月から11月にかけて多く、この間の降水量は月間約80～90mmである。降雪は50cmくらいである。近年は雨の降り方が激しく、1カ月分の雨が1日で降ったこともあり、水爆弾（water bomb）と呼ばれている。酸性雨も問題になっている。

水をためることができない土質のため、アカシカ（red deer）の水飲み場を提供する暗渠も設置されている（**写真9、10**）。

写真7　安定しない切土
母岩は石灰岩であるが、風化が進み、土質は砂質土である。

イタリア共和国

写真8　コンクリート横断排水施設
コンクリートの平らな板に小さい段差がついているだけである。ここでは上流側(写真手前)の下段が土に埋まりかけて、下流側の上段のみが見えている(矢印)。

写真9　シカのためにつくられた水飲み場
シカはシダ類を好み、生息密度はそれほど高くない。狩猟対象物として、また生物多様性の両面で水飲み場が機能している。

写真10　暗渠排水口
写真9の余剰の水は暗渠により写真4の一般道の排水施設に排水されている。

新しい部材を用いた観光道路

マウンテンバイクを利用した観光が盛んであることから、EUの予算を用いてサイクリングにとって安全に走行しやすい道をつくる試験を行った（**写真11**）。マウンテンバイクの道としては、トレントでは50kmの実績があるという。

工法は、石灰岩をクラッシャで粉状に砕き、岩状の石灰岩に振動を与えながら混ぜて厚さ20cmで敷設する。10kg/㎡におよぶコンクリート部材を投入して800kg/cm²の硬さで耐摩耗性を発揮する。アスファルト舗装と違って石油由来ではないため、環境を乱さず、景観も壊さない。2〜3％の片勾配をつけ、谷側への排水機能を持たせている。まだ試験段階であり、その利用は今後の成績次第ではあるが、このような道路は林業用の使用が禁止される手はずになるとのことから、共同体の住民はその敷設に反対とのことであった。

軍用道路

オーストリア領であった約100年前に、オーストリア軍が軍用道路（兵站道、military road）として敷設した道路が残っている（**写真12**）。標高1,025mの地点には、第1次世界大戦時にオーストリア軍がイタリアとの戦いに用いた要塞跡と軍用道路を見ることができる（**写真13**）。後者の道は、中央と路肩に大きな石を設置し、その間を砕石で埋めるというローマ時代から変わらない作設方法を用いて敷設されており、道路作設技術の歴史を見ることができる。

写真11　観光道路試験区間
手前の変色している平滑な部分がマウンテンバイクの通行を想定した観光道路であり、後ろの白色の部分が従来の林道である。

写真12　約100年前の軍用道路
下方はオーストリア軍が敷設した昔の軍用道路。上方は現在の林道。

写真13　オーストリア軍の要塞跡と軍用道路
道路中央に工事のときに埋設した岩が露出している。中心部をまず構築することにより、耐久性と工事の進捗性を高めたのであろう。

山火事への備えとふとん籠を用いて拡幅したカーブ

この地方の冬は乾燥するため、山火事への備えが欠かせない（**写真14**）。近年も大規模な山火事が発生している。大形の散水車の通行のために、ふとん籠を用いてカーブの拡幅が行われていた（**写真15**）。谷側に張り出すことで曲線半径もオリジナルより大きく取ることができる。ふとん籠のサイズは断面が1m×1m、長さが2mである。

この工法は、このカーブでは2,500ユーロで済んでいる。安価で安定性が高く、見た目もインパクトがあり、デザイン面でも優れている。簡易な材料で環境的にも良いとのことであった。

写真14　林道沿いの牧場内に設けられた消火用水
消火にはヘリコプタも出動する。

写真15　ふとん籠によるカーブの拡幅

イタリア共和国

北イタリアのタワーヤーダ集材作業現場（2013年）

写真16　Valentini社のタワーヤーダによる
　　　　スナッビング式上げ木集材
林道の幅員を目いっぱいに使っている。

写真17　フォワーダ運材
集材した材を農業用トラクタをベースにしたフォワーダで運材。

写真18　林道のカーブと横断排水溝
日本と同じである。

写真19　横断排水溝

写真20　切土のり面の丸太組工法
丸太の間に石を詰めている。

引用文献

酒井秀夫・吉田美佳（2017）イタリアの林業機械化．機械化林業761：29-33

東ヨーロッパ・南ヨーロッパ
スロベニア共和国1
Republic of Slovenia-1

スロベニア共和国の森林・林業

林相、森林蓄積、所有形態

　スロベニア共和国は、四国とほぼ同じ大きさである。森林面積は125万haであり（EUROSTAT 2016）、国土の62%を占め、「ヨーロッパの緑の宝石」と呼ばれるほどの森林国である。イタリアとオーストリアに接して、アルプス山脈に由来する急傾斜地がある。国旗にはスロベニア共和国唯一の国立公園内にある標高2,864mのトリグラフ山（Triglav mountain）が描かれている。リュブリャナ大学（University of Ljubljana）Igor Potočnik教授にスロベニアの林業ならびに林道を案内、説明していただいた。

　林相はブナ林、モミ－ブナ林、ブナ－ナラ林が70%を占め、これらの林分の生産力が高い。森林全体の蓄積量は3億㎥（257㎥/ha）、そのうち

153

47.4％が針葉樹、52.6％が広葉樹である。年間増加量は750万㎥(6.4㎥/ha)である(Slovenia Forest Service 2005)。

森林の71％は民有林であり、残りの29％は国や自治体(commune)によって所有される公有林である。国有林(state forest)は22％である。国有林は南部のポストイナ(Postojna)に多い。まとまった面積を持つ国有林が専門的な経営を行う一方で、私有林は平均所有面積が3haと細分化されている(Slovenia Forest Service 2005)。

森林法、管理組織

森林経営の方針を決めるのは農林食料省(The Ministry of Agriculture, Forestry and Foods)であり、1993年の『The Act on Forest(森林法)』では、森林保護、育林、伐採方針などの基本的な経営方針が定められ、1996年の『The Forest Development Programme(森林発展計画)』では、より自然に近い森林施業(close-to-nature forest management)や森林の多様な利用(multipurpose use)のガイドラインが定められた。

スロベニアの森林は、1993年に設立され、スロベニア共和国政府の予算で運営されている公的機関(public institution)のスロベニアフォレストサービス(Slovenia Forest Service)が公私を問わず森林施業・林道計画立案から森林の生物多様性の管理を行う。択伐などの選木はプロフェッショナルなフォレスターが行っている。10年間の一般管理計画に従って、均等に伐採していく。作業班は持っていない。地方自治体を通じて地元の事業体へと計画が伝えられ、施業はすべて委託形式を取る。責任を持って、請負業者に委託される。

スロベニアフォレストサービスによる森林経営

スロベニアフォレストサービス(以下、フォレストサービス)によるスロベニアにおける森林経営の原則は

- **持続可能性**：持続的な森林保護と、木材、林産物の継続的な利用
- **自然に近い管理(close to nature management)**：森林を維持しながら、生態系サービスを発揮するような管理
- **多目的経営**：森林の環境的、経済的、社会的機能のバランスを考えた経営

である。スロベニアにおける森林経営のはじまりは18世紀のはじめにさかのぼり、1948年に現在の14地域に区分され、1971年から1980年の間にこの区分に従った最初の森林経営計画が策定された(Slovenia Forest Service 2005)。

このように、森林経営の意思決定者としてフォレストサービスが重要な役割を果たしている。813名のスタッフのうち、688名が林業専門スタッフ(forestry expert)である。

フォレストサービスは、伐採、輸送、販売、貿易などは直接行わず、14地域をさらに236区画に区分した経営区画それぞれについて森林データを収集し、森林経営計画策定を行っている。森林データの収集は公的機関であるスロベニア林業研究所(Slovenian Forestry Institute)と共同調査の受け入れ団体であるリュブリャナ大学生物工学部林業資源学科が担っている。近年は、森林経営計画に基づいて成長量の40％が伐採されている。これは計画量の70％であり、成長量の約6割を伐採する計画であることがうかがえる。

スロベニアもイタリア同様に自治意識、公共意識が強く、自治は自らへの責任でもある。林道、集材道は市民も含めて年間を通じて総合的に多目的に利用され、統合的に台帳管理されている。フォレストサービスが森林の経営および地域の指導に積極的に関わっている。フォレストサービスは資金も機械も所有しておらず、技術やノウハウなどのサービスを提供する。

フォレストサービスによって施業が発注された株式会社SGG Tolmin社では、コンピュータのソフトウェアを用いてタワーヤーダの配置や架線の張り方をシミュレートし、施業場所に適切な機械と機械の配置スケジュールを決定している。シミュレートに必要なデータはスロベニア林業研究所などの調査によって得られたものが利用できるようになっており、スロベニア全土で情報が統合されている。

スロベニアフォレストサービスによる林道整備

フォレストサービスでは経営計画の策定の他、森林経営に必要な林道の整備に関して、国全体の路網情報の保持と更新に努めている。また、林道整備の監督を行い、森林所有者や地域住民と林道走行に関する方針を定めるなどの業務も行っている。安全性を向上させるのはもちろん、適切な利用によって維持管理費を少なくするとともに、林道の新規開設を目指す場合の林道に対する共通認識を醸成するという目的も担っている。

林道作設教本

スロベニアやクロアチア、ボスニア・ヘルツェゴビナなど旧ユーゴスラビア領で用いられている『Seminar za Projektante Šumskih Puteva(林道作設教本)』(Univerzitet u Banjoj Luci Šumarski Fakultet 2006)には、共通認識の有無に応じた林道作設の違いが描かれている(図1)。同書はボスニア・ヘルツェゴビナのバニャ・ルカ大学(University of Banja Luka)森林学部がまとめたものである。

林道作設指針

林道は1万2,683kmにおよび、単純計算では平均林道密度は10.85m/haであるが、土地利用方法によって林道密度には濃淡がある。この路網延長は森林管理には十分な路網密度を提供しているとされているが、林道の公共道路的性格を考慮すれば、さらなる延長が必要であると考えられている。しかし、資金面の理由から新規の林道開設はほとんど行われておらず、林道事業に関してはもっぱら利用前の路網整備であり、2005年時のデー

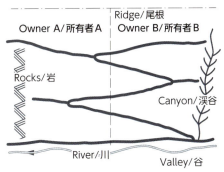
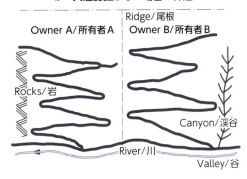

図1　林道に対する共通認識がある場合とない場合の林道
共通認識がある場合とない場合とでは、路網配置の効率が違う(筆者注:この図は、ウィーン農科大学Franz Hafner著『Forstlicher Strassen- und Wegebau』(1971)にあり、その後、Dietz P, Knigge W, Löffler H『Walderschliessung』(1984)にも引用されている)。

タでは林道のメンテナンス(maintenance)に年間約100万ユーロが使われている(Slovenia Forest Service 2005)。これらの費用の一部は森林、土地所有者からの税金でまかなわれており、その他に政府やEUなどの公的資金が投入されている。

林道作設指針は上記の『林道作設教本』にまとめられている。一般の人々は美観の視点で林道を見るため、一般の理解を得るためにはまず景観を壊さずに、できるだけ自然の状態に近くなるような施工をしなければならない。したがって、林道施工において根本的に大事なことは
- 形状：視覚的にもっとも影響する要因であり、地形に沿った曲線の多い形状は景観と調和する
- 視線の動き：崖や凹部などは人々の視線が集まりやすいため、林道はこのような視線移動を横断しない
- 規模：視界に入る林道の比率によって与える印象が異なるため、特に森林内では林道の幅員に注意しなければならない
- 多様性：景観の多様性が少なければ退屈であるし、多すぎれば困惑をもたらすため、適度な景観の多様性を保持するよう努める
- 統一感：多様性と同様に、景観の統一感にも注意するよう努める
- 土地柄(genious loci、spirit of the place)：ある程度同じであっても、景観は土地ごとに異なり、これらの土地柄は壊すのは容易だが直すのは困難であるため、土地柄を損なうようなことは行わない

である。

時に実用性と美観は衝突するが、その衝突を解決するのが景観設計(landscape design)である。美観と機能と実用性が備わったものが良い景観設計であり、それが人工物をすべて隠してしまうといいうことにはならない。例えばスイスやイタリアなどの山岳部にある橋梁のように、景観の質を高めるような構造物もある。景観設計にとって大事なことは以下の6項目である。
- 路網配置
- 路線線形
- のり面
- 路体材料
- 暗渠
- 橋梁

林道の分類と維持管理(Potočnikら 2005)

林道は林業以外にも広く利用されるため、森林の中の道路といった概念が強い。林業以外の用途にも利用することで、森林所有者や林業関係の予算以外からも維持管理費用の財源を得ることができる。国としては維持管理費用の大きさに悩まされ、新規の林道開設は止まっている。

スロベニアでは林道の維持管理は林道の公共的な重要性に大きく関わる(Potočnik 1998)。スロベニアのすべての林道は、林業目的だけでなく、林業以外の農地開墾やツーリズム、レクリエーションなどにも利用され、自由に通行することができる。このことは常に高い維持費用がかかることを意味し(Potočnik 2002a)、多目的利用に基づく林道のカテゴリーがあり、維持システムにも関連している(Potočnik 2002b)。天然林における多目的管理の基本的な考え方も林道に適用されている。

これらを踏まえて林道のカテゴリーは次のようになる。

林道のカテゴリー
カテゴリー1 (Mark GI/1)
林道の公共的利用が優先する。公共交通が毎日あり、人々の生活にとって重要である。農地開墾、村落、山荘や旅行目的、木材輸送などの利用が含

まれる。輸送機能が重要視される。スロベニアの林道総延長の14.6％にあたる1,850kmが該当する。

カテゴリー2（Mark GI/2）

林道の公共的利用が重要視され、地域住民は維持を負担しない。ツーリズム、スポーツ、レクリエーション、警察、軍、農業、集会、狩猟小屋などの利用をカバーする。新たに開設された林道の輸送機能のレベルは多様で地域性がある。林道総延長の16.2％にあたる2,050kmが該当する。

カテゴリー3（Mark GI/3）

スロベニアの林道総延長の69.2％に当たる8,750kmが該当し、最も多い。利用目的も森林経営だけでなく、野生生物管理も含めた森林のエコシステムマネジメントに対する要求が増えており、いろいろな利用の組み合わせがある。このグループの開設増加に伴い、さらに幹線林道（main forest road）（GⅡ）と支線林道（side forest road）（GⅢ）の2つに区分される。両者を区分する基準として、林業現場からの平均交通量12台／日が上限として提示されており、林道から公道への接続と同じ値である。

技術、維持、施設に関する林道の基準

交通量が異なる上記の林道は、それぞれ守るべき技術的要素や維持、施設に関する基準がある。公共の利用が特に多い場合は、その実情に応じて処方される基準がある。基準は次のように多岐にわたる。

カテゴリー1（Mark GⅠ/1）

公共交通が優先される。交通の性質に従って、地域住民が管理する。日常の維持管理がなされ、1年を通じた輸送機能が保証されなければならない。地域住民がこのことを実行できる状況にない場合は、林道はGI/2に区分されることになる。

カテゴリー2（Mark GⅠ/2）、カテゴリーGⅡ

維持：1年を通じて道路としての輸送機能が保証されなければならない。車道（carriage way）、暗渠、側溝などの維持管理が日常なされ、冬期は除雪、砂まきがなされる。

施設：林道入口には、林道であるという標識を設置しなければならない。速度制限、一般的注意事項、軸荷重などの必要な標識を立てる（**写真1、2**）。危険な箇所には、警告標識や金属の手すりを設ける。

利用のきまり：個人利用には制限がないが、長雨や融雪の後にトラックの軸荷重に対する一時的な通行規制がありうる。

カテゴリーGⅢ

維持：暗渠や側溝の日常の維持管理のみがなされ、車道や冬期のメンテナンスは必要に応じてなされる。輸送機能は1年を通じて必ずしも保証されない。

施設：標識や施設は必要ない。

利用のきまり：公共的利用には閉門されている。長雨や融雪の後は、トラックの通行はできない。

すべての林道を1年中使用できるように砂利舗装しようとすると、林道の維持に多大の費用がかかることになるので、上記の利用のきまりは重要である。一般的に、すべての道路は標準的な車道幅員3.0～3.5mに対して40tセミトレーラが走行できるように設計されている（**図2、3、写真3**）。経済的観点からはこのような状況は合理的でないかもしれないが、ともあれスロベニアのフォレスターは、国土面積200万haのうち124万haを占める森林と1万2,000kmの砂利舗装された林道の面倒を見なければならない。スロベニアのような面積の小さな国で、木材生産以外の森林の便益を考慮しない森林経営は選択できないだけでなく、木材生産がより高コストになってしまうことを意味する。

東ヨーロッパ・南ヨーロッパ

写真1　林道入口に掲げられた軸荷重制限
軸荷重なので、車両総重量が30tの場合もある。

写真2　通行規制するときは標識を白のページにする
写真は例を示すIgor Potočnik教授。

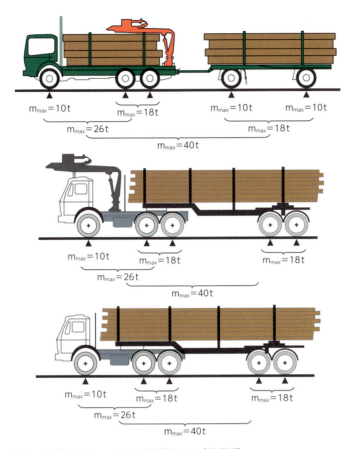

図2　林業用トラックの最大重量および軸荷重
（Igor Potočnik 教授提供。原図は Marko Zorić 氏博士論文）

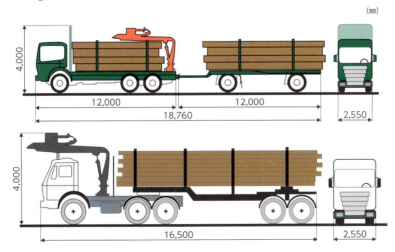

図3　林業用トラックの最大許容サイズ
（Igor Potočnik 教授提供。原図は Marko Zorić 氏博士論文）
筆者注：上はフルトレーラ、下はセミトレーラ

写真3　運材用5軸フルトレーラ
(Igor Potočnik 教授提供)

林道の多面的利用

林道の種類

林道の種類は別の分類基準によって下記の4つに分けられる。

1．幹線林道 (main forest road)

1,000ha以上の経営面積を持つ林道を幹線林道と呼ぶ。トラックとトレーラを連結した5軸フルトレーラ（総重量40t、全長18.75m）が走行できる。開設目的が森林作業である。

2．支線林道 (side forest road)

支線林道は1,000ha以下の経営面積を持つ。幹線林道と同様フルトレーラの走行ができる。開設目的が森林作業である。

3．通年利用の森林内にある道路
　　　(annual road in forest)

林道と規格は同じであるが、開設目的が森林作業ではなく、居住地や牧場への到達が目的であり、通年の利用が想定されている。林道というよりり、森林内の道路の概念が強い（筆者注：このことはイタリア、スロベニアの特徴である）。

4．森林内にある道路 (road in forest)

林道と規格は同じであるが、開設目的が森林作業ではなく、狩猟や軍事、警察目的などであり、通年利用が想定されていない。

スロベニアの林道1万2,000kmに対して、1と2がこの70％を占めており、3と4が残りの30％である。これらの林道は開設目的が異なるという他には、規格構造の基準には大きな差がない。車道幅員は3.0～3.5mである。

林道と地域社会の関わり、使われ方

林道ではあるが地域社会に連結して、医療、郵便にも利用されたり、小屋、畑、開拓地への到達のための道もある。森林作業、生物の繁殖期、天候や季節などによって重量規制や通行規制が行われる場合もあるが、林道は一般に開放されて、誰でも通行することができる。1と2の林道には規格に満たない、もしくは維持管理が間に合わず規格外となってしまう場合があるため、入口には免責事項が書かれた看板が掲げられる。

Igor Potočnik氏の博士論文によれば、3と4の林道の割合は半々で、3は小屋、畑、開拓地、森林への日常のアクセスに使用されている。冬も含めて年間メンテナンスをしている。メンテナンスの判断は利用者がいるかいないかである。4も同様であるが、サービスは狩猟、小屋、軍用、警

察、牧畜、農業など、臨時である。メンテナンスの判断は、交通量によらず使用目的による。

スロベニアの林道は、スキーやレクリエーション、ツーリストの利用も含めて、利用に重点が置かれている。市民のフリーアクセスが前提となっているが、この通行に対して誰が費用を負担するかが問題となっている。交通規制はフォレストサービスが行う（**写真1、2**）。フォレストサービスが問題を提起し、共同体、森林所有者が規制の必要があると判断すれば規制を行う。融雪期は道路の水分が多いので、軸荷重6 t に制限される（**写真1**）。フォレストサービスは、林業、野生動物管理など、利害関係者間の調整役もしている。

林道の開設コストと維持管理費

林道開設コストは平均5万ユーロ/km（50ユーロ/m）で、この開設単価の2～3％が年間維持管理費と見積もられている（筆者注：日本の林道は1.4％程度と見積もられている（酒井 1976））。単価にして1,500～2,000ユーロ/kmとのことである。<u>維持費の2/3が排水施設の管理にかかっている。</u>開設コストは、経済、輸送能力、維持管理とも関連し、2～3年ごとに高くなることがある。林道の償却年数は30～35年であるが、限られた予算で他の道のメンテナンスにもかかるので、現在新規の林道開設はない。例えば40年前につくった道の維持費にかかって、国全体のトータルとしても多額の費用がかかるので、新規の林道開設はできない。

維持管理費の財源、負担者

林道の多面的な利用が推進されている理由の1つとして維持管理費の財源確保がある。林道を林業以外の用途にも利用することで、森林所有者や林業関係の予算以外からも維持管理費を得ることができる。

林道の維持管理費は本来は森林所有者が負担するのであろうが、林道は万人に開かれているので、誰が費用負担するかが課題である。実際には、森林所有者からの税金、地方自治体の予算、国家予算から割り当てられている。一方で、林道整備には時間的余裕がない。予算割当の必要性があるが、維持費まで十分に回っていない。既存林道を修復するか、新規の林道を拡張するかは常に議論されている。維持管理費用を用いて新規林道を拡張すれば生産性や林業収入を向上させることができる一方、将来の維持管理費用も増加するため、この二者間のジレンマは解消されていない。

林道維持に関して、フォレストサービスが林道維持計画を立て、共同体がフォレストサービスから計画、書類を受け取り、財政的観点から林道維持のフレームをつくる。フォレストサービスが地域をコントロールしている。共同体は政府から資金を受けるが、財源はといえば税金である。専門の請負業者を公募し、共同体が業者を選定する。作業が終わるとフォレストサービスが承認という手続きを取る。請負業者は、林業会社、建設会社などの私企業である。重機を所有し、砂利輸送も行う。グレーダが重要な機械になっている。

林道の自然災害は、想定外のことであり、政府から復旧予算がつくが、使えるまでに時間がかかる。なお、公道（public road）は地域の共同体（local community、local association）が責任をもって管理している。修理作業は請負業者が行う。

住民の立場からすれば、高規格の道は維持費がかかるので、望まれていない。維持費のことも十分に理解されている。2～6 t の軸荷重で十分とのことであり、住民の意向を取り入れながら林業とのバランスを取るのが難しいとのことである。

フォレストサービスは、国全体の路網情報の保持と更新に努め、森林所有者や地域住民と林道走行に関する方針を定めるなどの業務を行うことにより、適切な利用によって維持管理費を少なくする努力をしている。

切土のり面の丸太組や石積みによるのり面補強

工など、現地の材料を使うことがその土地の調和にもつながり、林道作設の教本において美観の面からも推奨されている(**156頁**参照)。

林道規則

「スロベニア3」(**187〜206頁**)にスロベニア共和国の林道規則を掲げる。官報「Pravilnik o gozdnih prometnicah」(http://www.uradni-list.si/1/content?id=90540))に掲載されている。

スロベニアおよびフォレストサービスが、社会との関わりの中で林道および森林所有者、地元に対してどのように考えているかが明確に述べられており、日本の林道規程にはない細かい配慮も参考になる。消防林道という用語が出てくるが、特に南部は地中海性気候で乾燥することがあり、防火帯と消火活動を兼ねた林道が開設されている(**写真4**)。第23条の林道のカテゴリーG1、G2は前述(**160頁**)の幹線林道に、G3は支線林道に相当する。

写真4　林道走行注意の黄色い標識とカルスト地帯の消防林道（2008年）

隣国の北イタリアも山火事が多い。Trstelj、Brestovica、Komenなどで発生した山火事の消火活動はウェブサイトで閲覧することができる。ヘリコプタも出動する。

スロベニア共和国の林道事例

北東部のPohorje地域―排水方法

　Pohorje（ポホリエ）地域は、私有林、公有林が混在する森林地帯である。森林と牧草地の境界付近に、かつての集材道を多目的の公道に改築し、地元共同体が管理している区間がある（**写真5**）。一部縦断勾配が20％の区間があるが、最急勾配14〜15％で、曲線部の最急勾配は7％であった。路肩への分散排水を心掛け、一部側溝があるが、横断排水施設がほとんどないため、路面侵食が縦断勾配12％の区間で発生していた。公道周辺では択伐が行われ、新旧の伐根とともに、トラクタ集材の跡が見てとれる。集材道(skidding road)も随所で派生していた（**写真6**）。

写真5　マカダム舗装の多目的の公道
車道幅員は3.5m。周囲では択伐が行われている。

写真6　写真5の公道から派生した集材道
急傾斜地に作設され、手前のガレ場では石を積んで乗り越えている。幅員は約1.8m。なお、Potočnik教授によれば、集材道は河川から樹高分の距離を離さなければならない。

写真7　曲線と直線緩和区間の組み合わせ
トラック長18.76mに対して（図3参照）、2つの曲線に囲まれた区間で直線緩和区間15〜20mを確保している。林道の車道幅員は、道路の重要性により3〜3.5mである。これに両側0.5mずつの路肩がつく。縦断勾配は3〜5％であった。最低クラスの林道カテゴリーでは最大縦断勾配10〜12％であり、1つ上のクラスでは8〜10％である。8％が路面侵食を止める勾配である。

写真8　Osankarica湿地帯の林道
路面はかまぼこ型のマカダム舗装。向かって左の山側の側溝を深く掘り、山側からの地下水が路体に浸透しないようにしている（写真9）。向かって右の谷側の側溝にも水が流れている。

写真9　写真8と同じ林道の山側の深く掘った側溝
側溝の大きさは幅120cm、深さ60cm。

写真10　暗渠の排水部の侵食

排水は主に横断暗渠、路肩排水によって行われる。排水が機能しないことが原因で路面や路体が損なわれることが多くあり、適切な排水施設の設置と管理が課題となっている。ここでは暗渠排水部の水処理が適切に行われていないために、排水部の両側が侵食され始めている。補修費もかさんで、スロベニアではこのケースが多い。呑み口側ではヒューム管の半分が埋まっていた。

写真11　路肩にできた畝

林道では横断面をかまぼこ型にしているが、横断排水施設がない。そのため、谷側路肩に排水された水がややもすると侵食を起こし、路肩の縁が高くなって畝ができ、さらに侵食を加速している。

林道の多目的利用－Pohorje地域－

　スロベニアは林道の目的が多岐にわたる。Pohorje地域マリボル（Maribor）市の後方にはスキー場がいくつか広がっており、冬期は林道がスキー場をつなぐ道としても機能している。標高1,300mのOsankarica湿地帯のスキー場では、夏期にはスキー場は牧草地、狩猟場などになり、キノコ狩り、ブルーベリー摘みなどいろいろな用途に使われる（**写真12**）。

　同地域の共同体（フォレストサービスが作成した林道維持計画を実行する現地組織すなわち自治組織としての共同体）の協会（Association）には20〜30人の土地所有者がいる。家畜が放牧されているので、スキーゲレンデの草を刈る必要がない。林道はハイキング、ツーリズム、マウンテンバイク、ランニングなどに利用されている。多くの人に多目的に利用されるので、環境への負荷の懸念もある。集材道は夏は集材に利用されているが、スキーシーズン前にスキースロープとして補修する。

　共同体が責任をもっている地方道（local road）と林道が混在し、地方道は林道に機能が近い（**写真13**）。道はスキー場同士を有機的に連結して、冬はスキースロープにも使われたりする（**写真14〜16**）。

　なお、Osankarica湿地帯にはトウヒ林の中に景勝地ブラックレイク（黒い湖）があり、林道からそこに通じる歩道に沿って、環境教育を兼ねた散策路が設けられている（**写真17**）。

写真12　夏期のスキー場
獲物を待ち伏せるための、こうした狩猟小屋がいくつかある。

写真13　地方道
林道と区別がつかない。このような地方道と林道が混在している。

写真14　スキー場同士をつなぐ道
多目的に利用される。幅員9m。側溝はなく、切土高は約1.7mで、高くしない。

写真15　林道と集材道
林道（右）は融雪期に備えて側溝が大きく深い。左の道は、夏は集材道として集材に、冬はスキーに使われる。

写真16 写真15の冬の様子
左下が写真15の林道
(Igor Potočnik 教授提供)

写真17 環境教育を兼ねた散策路
ここでは、立ち止まって耳を澄まし、見る、聞くなどの「情報」をテーマにした環境教育を行っている。

森林の健康増進機能を伝える散策路

　Pohorjeの標高1,000〜1,500mの森林地帯はリゾート地にもなっている。標高が1,400〜1,500mになると樹種はトウヒだけになる。別荘地などが並ぶ付近一帯に、特に森林浴用に整備された散策路があり(**写真18**)、随所にヨガで人体にある霊的エネルギーの中枢を意味するチャクラ（気の出入り口、経穴／ツボを表す）の看板がある。

　それぞれについて、例えば以下のような症状に森林浴が効くと表示されている。科学的根拠はまだ疑わしいが、市民に対して森林の健康増進機能の宣伝にはなっている。

・目、耳に作用し、頭痛に効く
・のど、口に作用し、呼吸を整え会話を円滑にする
・膵臓、胃、肝臓、胆嚢、膀胱、筋肉、神経に作用し、怒り、おそれ、嫌悪、神経過敏に効く
・自信喪失、怒りに効く
・霊感、困惑、意気消沈、忘れっぽさに効く
・心の問題、抑圧された愛、情緒不安定、内面の痛みに効く
・卵巣、生殖器、前立腺、膀胱に作用し、過剰な食欲や性欲、嫉妬、所有欲を抑える

写真18　癒し(ヒーリング)を目的とした散策路

ハイキングルートと環境教育

ハイキングルートもスキー場をつなぐ道として整備され、トレッキングや乗馬、サイクリングに広く活用されている（**写真19**）。環境教育の案内板も設置され（**写真20**）、各ポイントで看板の詳しい説明を読みながら学習、散策することができる。以下の番号は**写真20**と一致する。多様な内容である。

1　キノコ
2　古代
3　林道
4　モミ、トウヒ、ブナ林。年間8〜10㎥/haの成長量があり、樹高は30〜40mになる。択伐施業で5〜7㎥/ha伐っているので、持続的経営が可能である。
5　土壌、キノコ
6　500万年前に貫入してきた花崗岩
7　ガラス工房の跡。100年前にドイツから人が入り、ブナの灰（ソーダ）を得るために林道がつくられた。
8　天然更新
9　動物
10　タワー（物見やぐら）
11　樹木とキノコ
12　苗畑
13　モミ保存林、ブナ林。ドイツ人がトウヒを植えたが、ブナが優占種となっている。土壌が同じでも微気象が異なり、水分が多いところではモミ林が成り立つ。
14　森林と水資源

最後に水が湧き出ているところがあり（ポイント14）、森林と水の深い関係が説明されている。スロベニアは3万4,000㎥/秒の水が湧き、2/3の水が森林からによる湧き水で、1万7,000㎥が消費されている。森林は森林でないところに比べて3〜4倍の保水力があるとされ、森林での化学製品の使用は禁じられている。

このルートはフォレストサービス、マリボル市、キノコ協会が管理している。このルートおよび林道は公共に供されているが、利用責任は使用者にあり、犬を放さないなどの制限も含めて、利用上の制限もある。ブルーベリーを摘みにくる人もいる。春、秋の外界の影響を受けやすい時期はアクセス制限がある。

なお、ヨーロッパにはペットを連れて散策できる道（pet network）がある。

写真19　ハイキングルートにおけるサイクリング利用者
左上は集材道で、集材の他にスキー場同士を結ぶ役目も果たしている。ツーリストも利用する。

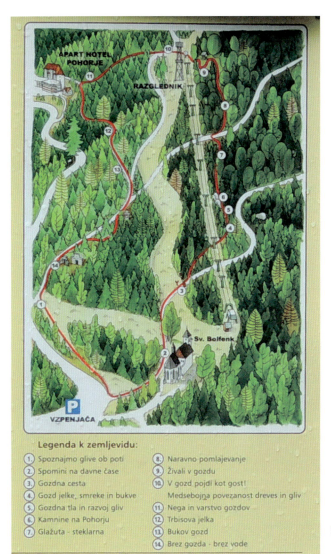

写真20　ハイキングルートのポイント

集材道

林業はフォレストサービスの計画に基づいて実行される。集材作業は、伐採業者が大形農業用トラクタ（75〜100hpクラス）にアタッチメントを取り付けた作業方式が一般的に行われている（**スロベニア2　写真11、12、21、22参照**）。一部の資本力がある会社がハーベスタとフォワーダを利用したシステムを用いている。輸送の観点から林道が備わっているのが望ましいが、トラクタやフォワーダの走行を想定した集材道（skidding road）もあり、それらの路面は未舗装で、排水施設もなく、林道に比べて低規格である（**写真21、22**）。

集材道の最大勾配は、外力に弱く傷つきやすい土地（sensitive site）で最大20〜25％である。幅員3mでバックホーで作設する。未舗装のため1カ月で植生が回復する。2年前に作設された集材道では、植生が回復し、土壌侵食を防いでいた（**写真23。アメリカ合衆国2　写真13も参照**）。伐採は天然更新を前提とした択伐である（**写真24**）。

なお、**写真24**の古い伐根を見ると受け口が十分にとられていない。スロベニアでの林業労働災害の2/3はチェーンソー伐倒時に発生しているとのことである。作業員の教育が求められており、安全第一、能率第二で作業を指導している。広葉樹の玉切りも重要で、製品の品質や売り上げにも関わり、最も神経を使う。伐倒時の受け口のミスも収入に大きく影響する。

写真21　作設したばかりの集材道入口
ここが最も急勾配で、38％であった。入口には根株による土留めが見られる。路面はすでに植生が回復しはじめている。

写真22　集材道の線形
曲線半径を大きくとっているので、トラクタの地引き集材が可能である。

写真23　2年前に作設した集材道
路面に植生が回復している。

写真24　択伐跡
左が前回択伐の古い伐根で、伐倒後光を入れて、更新が進んだのを見計らって、今回新しい伐根が見える右の木を択伐した。

路面侵食の応急処置

別の現場では、20%の縦断勾配区間で路面侵食の応急処置を行っていた(**写真25**)。この道の幅員は広いが、排水施設がないので集材道(skidding road)に属する。フォワーダ用である。集材道は林道のような基準はなく、地表条件に応じて切盛だけでつくる。施工を要しないのはskidding trail(集材路)(**スロベニア2 183頁**参照)。毎時20リットル/m²の降雨(20mmの雨量)は、100m²の面積では2,000リットルになり、侵食エネルギーが大きくなるとのことである。縦断勾配5%以下ならば水は勝手に流れるが、これ以上になると侵食が生じるとのことである。

写真25 路面侵食の応急処置
   (集材道を上から下に望む)
集材道下からバックホウで補修作業を行っている。溝(写真左)を掘って林内に排水していたが、機能せず、雨水による長い距離の路面侵食が生じていた。重機は写真26の溝と畝をつくっている。

写真26 溝と畝をつくって林内に排水
このような排水路を数カ所に効果的につくっていく。写真右が道路上方。スロベニア2 写真1も参照。

軍用道路

1918年にイタリアとの国境を守るために、たくさんの軍用道路がつくられた。現在は林道として使われているが、維持管理費用がかかっている。ただし、今も軍用施設に行くための、林道とそう変わらない軍用道路がある（**写真**27）。

写真27　軍用施設に行くための道路（右）
冬でもメンテナンスされる。左は写真25の集材道。

引用文献

EUROSTAT (2016) Agriculture, Forestry and Fishery Statistics. 2016 Edition. 224p.

Potočnik I (1998) The multiple use of roads and their classification. Proceedings of the Seminar on Environmentally Sound Forest Roads and Wood Transport: Sinaia, Romania, 17-22 June 1996. p103-108. Rome, FAO.

Potočnik I (2002a) Current problems concerning maintenance of forest roads in Slovenia. Proceedings of International Seminar on New Roles of Plantation Forestry Requiring Appropriately Tending and Harvesting Operations: September 29 – October 5, 2002, Tokyo, Japan. p77-84. The Japan Forest Engineering Society.

Potočnik I (2002b) System of financing of construction and maintenance of forest roads in Slovenia. Financovanie výstavby lesných ciest na Slovensku a v zahraniči: zbornik referátov z odborného seminára medzinárodného charakteru – usporiadaný pri príležitosti 195. 27 Jun 2002. Zvolen, Slovakia. p18-24.

Potočnik I, Yoshioka T, Miyamoto Y, Igarashi H, Sakai H (2005) Maintenance of forest road network by natural forest management in Tokyo University Forest in Hokkaido. Croatian Journal of Forest Engineering 26 (2) : 71-78.

酒井秀夫 (1976) 合理的集運材方式に基づく長期林内路網計画に関する研究．東京大学演習林報告 76：1-85

Slovenia Forest Service (2005) Caring for Forest to Benefit Nature and People. 24p.

Univerzitet u Banjoj Luci Šumarski Fakultet (2006) Seminar za Projektante Šumskih Puteva. 176p.

東ヨーロッパ・南ヨーロッパ
スロベニア共和国2

スロベニア共和国の林道の事例

排水路

写真1　Jelka-Kraljica Rogaの林道（2004年)
排水路で林内に排水を導く。スロベニア1　写真26も参照。

石灰岩地帯の林道

写真2　石灰岩地帯の林道（2008年）
舗装材料は豊富にあり、路線はたな（遷急点）にのせている。

写真3　写真2と同じ林道から派生している集材道とスロバキアのZTS社製LKTウインチ付ホイールトラクタ（クロアチア　写真4参照）

写真4　写真2の石灰岩地帯のドロマイトの箇所
ドロマイトは石灰岩のカルシウムがマグネシウムに置き換わったものである。苦灰土の原料になり、作物の生育が良いので、農地に適しており、樹木の生育も良い。ただし、道としては軟弱である。ちなみに「ドロマイト」とは、隣の北イタリア、ドロミテ地方にちなむ（写真5）。

写真5　イタリア・ドロミテ（Dolomiti）地方のドロマイトの山脈
風化堆積物が厚く堆積している。

スロベニア共和国2

イドリア地方の林道

丸太組施工、石組み施工

写真6　スロベニアの西に位置するイドリヤ(Idrija)地方、石灰岩地帯急傾斜地の10t積みトラックが通行できる規格の林道

施業前に施業に支障が生じないように補修される。かまぼこ型路面の山側は掘り下げられ、側溝の役割を果たしている。

写真7　写真6と同じ林道の丸太組施工

切土のり面の崩落を防ぐ丸太組施工も見られる。丸太組は現地の材料を使って施工できるため、コスト的にも有利とのことである。

写真8　石積みによるのり面補強と側溝

石組みによる施工も現地にある材料を用いることができ、耐久性があることから一般的に行われている。現地の材料を使うことは『林道作設教本』(2006)において美観の面からも推奨されている(156頁参照)。現地の材料は色彩がその土地にマッチしたものであり、違和感をもたらさないとのことである。林道が多様な機能を持ち、林業関係者以外にも開放されているため、景観の観点からの評価も重要視されている。

東ヨーロッパ・南ヨーロッパ

イドリア地方の林業遺産

写真9　林業遺産の堰
イドリア地方の上イドリヤ景観公園（Krajinski park Zgornja Idrijca）は、多くの人々が訪れる。公園内には水泳施設や散策路の他、かつて木材の流送のために築かれた堰や、舵棒のついたトロッコの展示があり（写真10）、昔の林業技術を伝えている。

写真10　舵棒のついたトロッコ

アイスストーム被害木の搬出

スロベニアは2014年にアイスストーム（ice storm、着氷性の雨を伴った悪天）に襲われ、木々は先端が折れ、当初の計画とは異なって被害木搬出が緊急の課題となった。フォレストサービスによって作業が発注され、株式会社SGG Tolmin社が受注していた（写真11〜14）（155頁参照）。ここではオーストリアMayr-Melnhof社製のタワーヤーダSynchrofalkeを用いた下げ木集材を行っている。玉切りした材を貯木しておく土場を設置することができなかったため、フォワーダによる小運搬を行っている。

写真11　タワーヤーダと農業用トラクタをベースにしたフォワーダによるアイスストーム被害木の搬出作業

写真12　林道上でフォワーダと一般車両のすれ違い

写真13　林道端の土場
小運搬された丸太は林道端の土場に貯木され、運搬されるのを待つ。アイスストームによる被害木処理を優先しているため、輸送が間に合わず、丸太があふれている。これほどまでに土場に丸太がたまることはあまりないとのことである。

写真14　林道沿いで乾燥中の枝条残材
枝条残材は数カ月の放置期間を経て含水率を低下させた後、林内にチッパーを搬入し、チッピング作業を行う。チッピングされたチップは据え置かれたコンテナに直接積載される。ここは複数のコンテナを設置するスペースが十分確保できないため、ピストン輸送を必要としていた。

リュブリャナ近郊の平地林施業現場

石灰岩地帯のかまぼこ型林道

リュブリャナ南近郊の平地林でもアイスストームの被害があり、被害木の処理と通常の施業に追われていた（**写真15～20**）。作業は株式会社GOZD Ljubljana社が行っていた。同社は林業学校で訓練を受けた若者のみを採用し、生産性と安全性の確保を図っていた。また、スロベニアに近いオーストリアの林業会社にも仕事を発注するなど柔軟な作業計画を組み立てていた。石灰岩地帯であり、地盤が強固なことと平坦地であることから、ハーベスタとスキッダの車両系による伐出作業が行われていた（172頁参照）。

写真15　かまぼこ型林道
表面はかまぼこ型であるが、その盛り上がりは顕著ではない。急な角度があると一般車両が底を擦ってしまう上、それほど角度が急でなくても排水効果は十分あるとのことである。条件が良いところでは側溝も特別につけることはないとのことである。一般に石灰岩地帯は排水がよい。林道には必要な手間しかかけていない。

写真16　林道を走行する10t積みトラック
写真6参照。

写真17　中間土場におけるトラックからトレーラへの積み替え作業
林道を走行してきた10t積みのトラックは、林外に設けられた中間土場でトレーラに木材を移し替えると、再度木材を積載してきて先ほどのトレーラを接続し、2両連結フルトレーラで需要家まで輸送を行っている。スロベニア1　図2参照。

択伐と漸伐の集材路

写真18　集材路(skidding trail)
ここでは択伐と漸伐が行われており、択伐はチェーンソーまたはハーベスタとスキッダの組み合わせ、漸伐はハーベスタとフォワーダのシステムである。両者ともに林内に車両が入るシステムであるが、集材路は一定の場所を繰り返し使っている。林地には石灰岩が点在している。

写真19　Vilpo社スキッダによる集材
択伐林ではスキッダによる全幹集材を1名のオペレータが行っていた。Vilpo社スキッダWoodyはアーティキュレート式（車体屈折式）で、後輪部分が可動式なので、小回りが利く。前部には木材の椪積みに使用するローダが装着されており、後部のダブルウインチはリモコン操作が可能で、それぞれ8 tのけん引力がある。トラクタの前後移動もリモコンで行うことができ、ウインチによる林内集材が1人でも効率的に行えるよう工夫されている。

写真20　集材路は枝条が敷かれている

ヤホルエ(Javorje)近郊の自伐林業

チェルナ(カエデの意味) ナ コロシュケム(Črna na Koroškem)の南東に位置するこの地域は、集落をつくらず、家族親族単位で自給自足生活をする伝統がある。そのため土地所有面積は全国平均2haよりも広く10haで、300haを所有する家族もいる。

利益率の高いドイツトウヒの育成が進められてきた結果、ブナは16%にまで減少してしまった。広葉樹30%、針葉樹70%の本来の割合に戻すため、ブナを増やそうとしている。蓄積372㎥/ha、年間成長量8㎥/haで、10年に1度から2度、62㎥/haの伐採を行う。ここは年1度のオークションで1万ユーロ/㎥のカエデ(*Acer pseudoplatanus*)を産出したこともある。

林道密度18.5m/haに対して、集材道を60.7m/ha入れている。目標は66.5m/ha。搬出は農業用トラクタを使用し(**写真21、22**)、搬出した材はオーストリアにも輸出している。作業は通常2〜3人で行い、1人当たりの年伐採量は2,000㎥になる。チェーンソー伐採のコストは18ユーロ/㎥、ハーベスタ使用は20〜25ユーロ/㎥なので、大量伐採が必要な時以外はハーベスタを使用していない。

写真21　集材に使われているオーストリアLindner社製農業用トラクタ
ウインチはスロベニアUniforest社製、けん引力6.5t。トラクタ前部に400kgの重量バランスをつけている。

写真22　ウインチによる集材道上の木寄せ作業

トリグラフ(Trigrav)国立公園内の伐採作業

　ブレッド森林経済有限会社(GG Bled)はリュブリャナ大司教区の所有企業である。1万7,000ha所有し、ハーベスタとフォーワーダ各3台、ウインチ付ホイールトラクタ3台、ウインチ付クローラトラクタ4台、集材機4台、トラック7台等を所有している。管理森林の約60%はトリグラフ国立公園内にある。

　ナチュラ2000(Natura 2000)(筆者注：EU内の自然保護地域のネットワーク)やトリグラフ国立公園内は、通常の森林法に加え、さらなる義務付けがされる。特に2009年に制定された森林保護条例は、蓄積の3%の枯木を残さなければならない。以下は、聞き取りによる自然保護のための伐採時の制限である。

- 種の保護のための林業活動の禁止(例えば3月から6月のクロライチョウ生息地と周辺)
- 林道や集材道建設の禁止
- 保存林や特定森林における林業活動の完全停止
- 枯木量目標達成のための伐採量制限
- 林木の成長を促し、商業的価値を高めるための立木の伐採延期
- ハーベスタなど能率的な伐採方法の制限
- 合意を得るための事務処理に費やす時間
- 融通の利かない小規模森林所有者の管理と教育

　スキッダは出力100kW(排ガス規制対象)のドイツ・ヴェルテ(Welte)社製で、バイオオイルを使用している(写真23)。国立公園内は、土壌の締め固めがないように重い機械は使えないので、重量と車幅の狭さで選択した。環境と経済面からクレーンをはずしている。集材道は100m/ha、トラックが走行する林道は30〜35m/haで、輸送コストのバランスをとるように心がけ、安全に責任を持つようにしている(写真24、25)。伐採2〜3人で委託業者がしている。2014〜2015年にスロベニアの年間伐採量の半分に相当する300万〜400万㎥のキクイムシ(*Ips typographus*)の被害が発生し、その対応に追われている。自然の林相に戻すためにブナ苗木の植林が行われており、苗木は政府支給であるが、それ以外の優遇策や補助金はない。

写真23　ダブルウインチ付スキッダ(ホイールトラクタ)によるマカダム舗装の林道までの半幹材地引き集材
林道に出れば地引きを行わない。

写真24　トラクタ集材に使われている集材道

集材道の集材距離250mで所要10分、1日に10回から11回運搬し、1日の伐採量は40㎥(10㎥/人日)。

写真25　公道を行くGG Bled社の運材用5軸フルトレーラ

東ヨーロッパ・南ヨーロッパ

スロベニア共和国3
林道構造と林道規則

スロベニア共和国の林道構造

(出典：Seminar za Projektante Šumskih Puteva 2006)

　林道は総重量上限40t、積載量およそ20㎥の5軸セミトレーラを前提に設計している。

平面線形

　林道の車道幅員は交通手段、安定性、材料費によって3.0～3.5mの間で開設され、通常1車線である。環境への負荷を軽減するためにできるだけ狭くつくるようにしている。そのため、円形の車回しやT字形の方向転換部が重要視されている。

　交通手段は速度、重量、車両幅が考慮され、この観点から2.8～3.4mの間に幅員がおさまる。林道の安定性の面では、土壌が軟らかい場合、林道上の特定部分のみの通行になるので、轍掘れが特定箇所で起こらないように林道幅員は広くする必要がある。

図1　待避所

方向転換部(turnable)

　車両の向きを変えるための方向転換部(turnable)には円形の車回し(round about)とT字形方向転換部がある。林道は1車線であるため、車回しよりもT字形方向転換部が一般的であり、林道の終点では最小旋回半径(R_{min})9mで車回しを設けることが多い。輸送距離を短くするために0.5～1kmごとに車回し、もしくはT字形方向転換部を設ける(図2)。

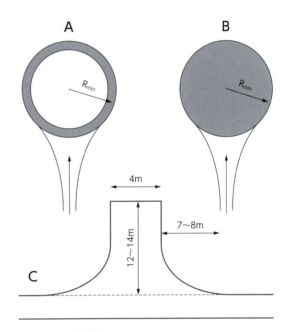

図2　方向転換部

曲線部

　最小曲線半径は車両種類と走行速度によって決まる。曲線部では、車両は速度最小にして走行すると仮定している。表1は走行速度と最小曲線半径の関係を示す(筆者注：スイス123頁表1も参照)。

表1　最小曲線半径

速度 (km/h)	10	20	30	40
最小曲線半径 (m)	10	20	30	50

拡幅

木材運搬時、曲線部では拡幅を設ける必要がある。拡幅量は材木の長さ、車両種類と曲線半径によって決定される（**図3、4**）。

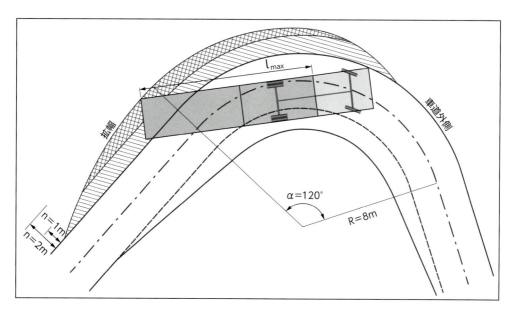

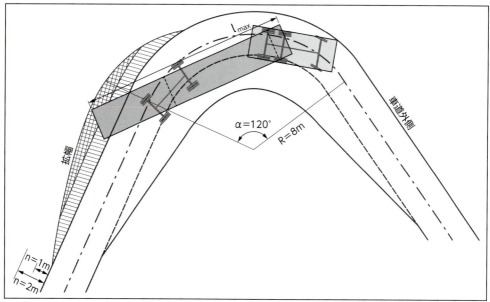

図3　曲線部拡幅の例（上：トラック、下：セミトレーラ）
l_{max}は材木長、nは拡幅量（材木長と曲線半径による）（筆者注：長尺材は船舶のマスト材などの需要がある）。
α：内角、R：曲線半径。

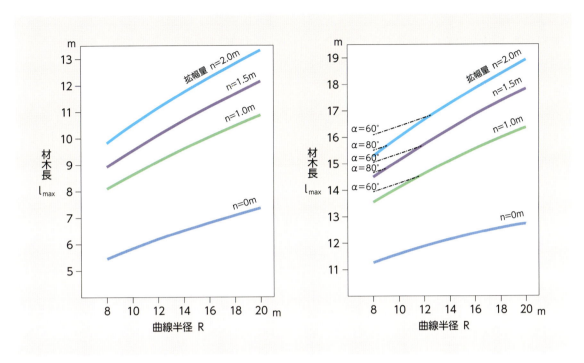

図4 材が車道からはみ出さずに旋回できる拡幅量（左：トラック　右：セミトレーラ）

横断面

切土の安定的な勾配は土質とのり面の高さによって決まる（**表2**）。盛土の勾配は土質と地山傾斜から決まる（**表3**）。

表2　切土のり面の勾配

土質	のり面の高さ	
	2mまで	4mまで
土質Ⅲ	1:1	1:1
土質Ⅳ	1.5:1	2:1
岩	2:1	3:1
礫	5:1	

筆者注：1.5:1は高さ1.5m、横1mを意味し、150％の勾配

表3　盛土のり面の勾配

土質	地山傾斜	
	<40%	40%<
土	1:1.4	1:1.5
岩、礫質土	1:1.25	1:1.35

路面横断勾配

路面を傷つけないためには排水が重要であり、かまぼこ型路面においては、車道中心から両側50cmずつの路面頭頂部に半径50m以上の円弧（図5のR）を適応する場合、頭頂部以外の車道は2〜4％の勾配とする。50m未満の半径でかまぼこ型路面を設置する場合は、頭頂部以外の車道はR<20mのとき7％、20〜30mのとき6％、30〜50mのとき5％の勾配とする。

排水施設

排水施設を設置する際に問題となるのは
- 暗渠の大きさ
- 不適切な路面排水
- 林道に接続する作業道（201頁）の排水施設
- 伐出作業後や雷雨後の側溝や暗渠のメンテナンス不足

である。これらに注意して施工とメンテナンスを行う。

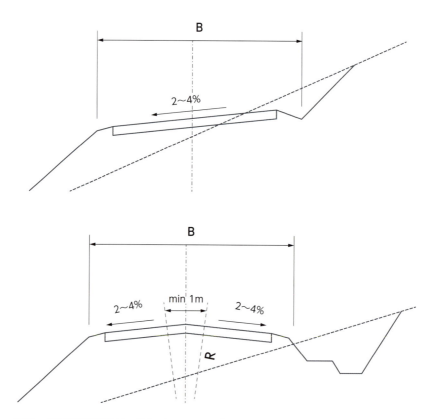

図5　路面横断勾配（上：片勾配、下：かまぼこ型）

林道の規則（抄）

I. 一般規定

第1条
〈内容〉

　この規則は、計画、設計、開設、維持管理、適用方法および森林管理と実施のために、林道の開設、林道の投資とメンテナンスの実施計画、準備、使用、および保守の記録のための条件を定める。

第2条
〈定義〉

　林道は主に森林経営のために意図されたもので、合理的な木材輸送を行い、公共の情報として林道台帳に入力される。

　トラックを前提に、木材を収穫するように設計される。

　森林内の作業道は、集材を目的とし、他の必要な作業も行う。

　防火帯を兼ねる林道は、山火事のリスクに応じて必要なスペースを確保する。

　森林の経済的価値は、林道の建設を正当化する。防火帯を兼ねる林道は、火災の危険が高い地域に開設される。開設計画の書類形式や施工方法は、本規則に則って林道の条件を満たしていること。

　防火帯カテゴリーは、開設された林道の長さに基づき、林業用車両や農機具、消防および輸送のためのものである。開設の技術的条件に従って、必要な文書を作成する。

　林道と森林の開放は、持続可能な森林経営にとって不可欠であり、地域の森林活用のためのあらゆる業務や活動をカバーし、土壌や景観のダメージを最小限にする。

　開設予定の提案は、木材の伐採や輸送方法の変更を伴う。

　起点、終点、特徴的な地形、コースの高度の主要位置と重要な点、回避すべき箇所によって将来の林道概略を提示する。

　主な通過ポイントは、渡らなければならない渓流、小屋などで、選択されたルートは、木製の杭によって地面上に識別される。

　林業投資とメンテナンスは、既存の林道や防火設備に関わる。

　林道の改修は、輸送や安全機能を向上させるために行われるべきである。

Ⅱ. 林道

1. 林道の計画

第3条
〈林道による森林開発の計画システム〉

(1) 林道による森林開発計画は、森林開発の基本構想と林道の詳細な計画で構成される。林道による森林開発計画は、スロベニアフォレストサービスが実施する。
(2) 林道開設の優先分野を特定するために、森林経営計画との関連で林道および森林開発を計画する。
(3) 林道と森林開発の詳細な計画と林道設計のための基礎情報は、開発面積内の林道のルートにとって本質的な要素となる。

第4条
〈地図〉

(1) 以下のように地図を定義する。
- 林道で木材収穫する森林の境界
- 計画林道の通過するポイント
- 木材収穫上の規制や開設案にとっての必要要件

(2) 次の項目を盛り込んだ地形図（PKN5）のコピーを提示すること。
- 林道と土地の境界
- 開発面積内の森林経営単位の境界
- 既存の林道と造林用作業道の計画図

(3) 事業計画者は、林道の概念計画を盛り込んだ提案書を提出する。林道の開設計画が大幅に森林の機能を損なうことが判明した場合、提案書の受領から1カ月以内に、計画を拒否する。

2. 林道の設計

第5条
〈林道の設計〉

(1) 林道の設計は、林道の開設に関するアドバイスを開設計画書と調和させる。
(2) 林道の設計は、森林行政の規則と開設を規制する規則で定める条件に従

って行われる。
(3) 林道は開設要件を満たし、責任をもって設計する必要がある。

第6条
〈林道の計画〉

林道の開設のために次項を含む綿密な林道の計画書を作成しなければならない。
(1) 施設、事業計画者と計画作設者の名前と場所の詳細
(2) 地図
(3) 次の内容の技術的な報告書
- 施設の目的、既存道路、木材収穫方法、地質、土壌、水、空気、森林の機能、所有権に関する情報
- ルート上の情報や重要なポイント
- 部材や開設技術に関するデータ
- 排水と水流交差の方法および効果
- 森林生態系に対する林道開設の直接的および間接的な影響評価
- 開設コストの評価

(4) 図面
- 縮尺1:50、1:100の林道の横断面図

第7条
〈林道計画の設計図〉

(1) 林道の縦断面図、横断面図、平面図を作成する。
(2) 平面図
- 縮尺1:1000
- 幹線道路との接続
- 通過地点、土場
- 暗渠と橋の位置

(3) 縦断面図
- 縮尺1:100および1:1000
- 傾斜は％
- 縦断曲線

(4) 横断面図
- 縮尺1:100〜250
- 中心軸

- 掘削斜面
- 暗渠拡大図
- 路床および上部構造
- 暗渠、橋梁の支持構造
- 測量杭

第8条
〈林道の復旧工事計画〉

(1) 林道がある区間にわたって崩れ、復旧計画を作成する必要があるという程度に自然災害、火災などによる損傷を受け、森林が標高800m以上にある場合の復旧工事が対象。

(2) 林道の復旧工事計画は、融資に関する規則と協調して、被災した森林の回復のための計画にとって不可欠である。

(3) 林道の復旧工事計画には次のことが含まれなければならない。
- 地形図
- 縮尺1:50、1:100の横断面図

(4) 林道事業計画者は、林道の物理的強度と排水の適正な実施による安定性の客観的評価を確保した林道の復旧工事計画に従う義務がある。

(5) 資金調達と共同出資の規則に従ったコストで、十分な物理的強度と安定性を確保する。

第9条
〈林道の技術的要件〉

(1) 新規または改修された林道の縦断方向および横断方向の技術的要件は、次のとおり。
- 車道幅員は3.5m。
- 水平での最小曲線半径は9.0m。半径50m未満の時は拡幅が必要。
- 暗渠から排出された雨水によって侵食が生じないように設計しなければならない。
- 最急縦断勾配12%。0%も避けなければならない。
- 縦断曲線の最小半径は350.0m。
- 切土のり面の勾配は、土質の種類に応じて1:1〜5:1とする。
- 盛土のり面の勾配は、土質の種類に応じて1:1.25〜1:1.5とする。
- 路肩は、少なくとも0.5mの水平方向の幅を持っている必要がある。
- 側溝の最小幅は上面で0.8m。

- ■ 管渠の最小直径は500㎜（コンクリート管）または400㎜（ポリプロピレンまたは内面が滑らかな鋼管）。
- ■ 車道の横断勾配は、少なくとも3％でなければならない。

(2) 設計では、以下の幅と面積を考慮する。
- ■ 林道の幅は、道路や斜面の平面図を含む。
- ■ 林道のための建築許可幅は、道路の外側エッジから測定する。

(3) 林道の事業計画者は、道の外縁から少なくとも5mの空間を確保して工事を行う権利を有していなければならない。

(4) 垂直方向（道路の上下）の範囲は±5.0mとする。

第10条
〈プロジェクト文書〉

(1) 林道開設のためのプロジェクト文書。
- ■ 開設するための権利と規制当局の承認の証明を綴じたファイル
- ■ 林道の計画
- ■ 安全計画

(2) プロジェクト文書の個々の構成は、プロジェクトの書類を管理する規則に準拠して、工事実施のためのプロジェクトの詳細な内容に触れたものでなければならない。

(3) プロジェクト文書に不可欠なものは複数の支線を可能にする精密な林道開設のための予備的な設計である。プロジェクト文書を管理する規則で指定された内容に加えて、基本的な設計として、おおよその長さ、開設技術、伐採方法、森林生態系への影響、農村開発と林道の他の用途のための重要性を含める必要がある。

(4) 林道開設のための許可を得るために、プロジェクト文書を管理する規則で指定された内容に加えて、技術的な報告が必要であり、道路本体の横方向と縦方向の排水についての情報を含まなければならない。選択されたルートに対して、負の影響を軽減するためのものである。

第11条
〈杭打ち〉

(1) 測量では木製の杭打ちを行う。

(2) 規制当局の承認、許可が得られたならば、設計者は、垂直方向に開設を規制する規則に従って、道路中心線を決定する。

第12条
〈林道開設プロジェクト文書作成のための測量計画〉
(1) 林道開設のためのプロジェクト文書作成のための測量計画は、測量計画を管理する規則に準拠して行わなければならない。
(2) 林道開設プロジェクト文書作成のための測量計画の図面の記載事項。
- ■ 地形、水、公共の道路、建物や土地に関する情報
- ■ 開発面積の既存の空間計画における土地利用
- ■ 座標は国家座標系とし、東西南北を図示
- ■ 杭打ち点

3. 開設された林道の施工監理と客観的評価

第13条
〈施工監理の実行〉
(1) 林道開設の施工監理は開設を規制する規則、職場の労働安全衛生を管理する規則に従って行う。
(2) 新しい林道の開設では、工事日誌や書類管理の規則を遵守しなければならない。

第14条
〈客観的評価〉
(1) 林道の事業計画者による開設が完了すると、開設された林道の客観的評価のためにフォレストサービスの検査を申請する必要がある。林道計画のコピーを添付しなければならない。
(2) フォレストサービスは、前項の申請を受け取ってから8日以内に客観的評価の日付を事業計画者に通知するものとする。
(3) 客観的評価を行う場合は、事業計画者に加えて、フォレストサービスの代表者、プロジェクトマネージャー、シニアマネージャーなどが参画する。
(4) 開設された林道の妥当性を検証し、施設の適切性を判断する客観的評価を記録する。欠陥があれば解決のための期限を定める。
(5) 客観的評価は、現地に行って作成しなければならない。林道開設の記録は開設規則に従って許可証発行のための必須の条件であり、施設の信頼性を証明するものである。
(6) 新たに開設された林道は、手続きが完了した後に台帳に載せる義務を負う。

第15条
〈林道開設のための土地の状況や施設の測量計画〉
(1) 林道開設のための測量計画は、測量計画を管理する規則に準拠して行わなければならない。
(2) 林道開設のための土地の測量計画は、図面表示のために十分な実施を行う。
(3) 林道開設のための土地の測量計画は、公共経済インフラの連結台帳への登録と林道工事の許可を取得するための基礎となるものである。

4．林道の整備

第16条
〈林道整備の原則〉
(1) 安全な使用を可能にする輸送性能を保つように、橋梁、擁壁などと一緒に林道が定期的に維持されなければならない。投資の費用対効果として、周辺の土地や重要な野生動物生息地の破壊につながらないようにする。
(2) 林道の維持は、森林を管理する規則に定める条件に従って実施されなければならない。
(3) 時機を見て林道の維持管理を行う。
- 林道の保全状況を確認し、年間保守において、道路、路肩、排水施設の小修理を行う。
- 冬のメンテナンスや除雪や除氷のための準備を行う。
- 長期間にわたってメンテナンスが実施された林道においては、定期的なメンテナンスが道路の修理や道路構造の復元のために有用である。

(4) フォレストサービスは、林道の維持管理の監視計画を立て、自治体と協力して毎年のメンテナンスプログラムを作成、指示、監視する。市町村はメンテナンスに伴う支払いを確保する。自治体はフォレストサービスと協力して林道整備の範囲を決定する。
(5) 林道の冬のメンテナンスは、冬の森林作業に必要な程度になるまで定期的な予算から賄われる。

第17条
〈施設〉
(1) 標識、交通標識などを設置し維持しなければならない。
(2) 森林所有者やフォレストサービスの書面による同意を得て、警告標識を

設置することができる。

5．林道の使用

第18条
〈林道の使用〉

森林所有者に加えて、林道は、自らの責任で他のユーザーが使用することができる。森林所有者と自治体と共同でフォレストサービスは林道の使用を決定する。

第19条
〈林道の使用〉

(1) 林道使用の権限は、多機能な森林の管理を確保するために発揮される。生態系としての森林の機能の発揮に林道が適用されなければならない。
(2) 合理的な理由で林道使用の権限を発揮することができる。
- 森林管理の必要性を除き、すべての車両に対する林道の完全な遮断
- 特定タイプの車両のための林道の一時的または恒久的な通行禁止
- 特定の軸荷重または特定の総重量の車両の通行禁止
- すべての車両の一時的な通行禁止
- 通行方向
- 音声信号の禁止
- 速度制限
- 森林の中の状態に応じた通行規制

(3) 林道の最高制限速度は時速40kmである。

第20条
〈林道の標識〉

警告標識は、道路、または林道のネットワークの入口に設置され、少なくとも林道であることを警告する必要がある。内容は、「自己の責任で林道を使用する」を幅50cm、高さ30cmで記載する。

第21条
〈利用者の義務〉

利用者は、林道利用後は、道路や排水施設をきれいにし、利用前の状態と同じにしなければならない。

第22条
〈林道の過度の使用〉

(1) 林道の開設時には考慮されていない林道の過度の使用は、森林管理に影響を及ぼすだけでなく、林道の維持管理プログラムの中で考慮されていない毎日の自動車交通量を増加させることにもなる。

(2) 過度に使用する場合の料金は、林道の使用期間によって決定され、過度の使用ではない場合、定期的なメンテナンス費用と推定コストに基づく増加した維持費の差に等しい。この収入は自治体の予算と、林道の過度の使用によって生じた結果を除去するために使用される。

第23条
〈林道の分類〉

目的に応じて、林道の技術要素は次のカテゴリーに分類される。

① 林道G1は毎日の重要な公共交通機関である。林道G1の輸送規則では、融雪時または高交通量時の限界軸荷重を設定する。林道使用の権限により、使用に関する追加の制限を課すことができる。林道G1の通行止めは、終日とすることができる。これらの道路上で、定期的なメンテナンスを行うことができる。メンテナンス費用は公共的利用から生じるコストとして林道の長さに応じて自治体が資金を提供する。

② 林道G2は森林経営のために1,000ha以上の森林につながり、林業に関わる。林道G2は個人的な通行であり、制限はないが、軸荷重に制限があることがある。林道使用の権限により、使用に関する追加の制限を課すことができる。林道G2は永久的に通行を制限することができる。農場、集落や村、公共の建物につながる場合は、必要に応じて継続的なメンテナンスを確保する。

③ 林道G3は、森林経営に特化し、1,000ha未満の森林に開設し、林業に関わる。林道G3の輸送規則では、軸荷重の制限があることがある。林道使用の権限により、使用に関する追加の制限を課すことができる。林道G3は永久的かつ完全に通行を制限することができる。必要に応じてメンテナンスを行う。

6．林道の認証

第24条
〈林道台帳の内容〉

(1) フォレストサービスは、林道台帳を管理しなければならない。
　① 情報
　　■ カテゴリー
　　■ 長さ
　　■ 技術的要件
　　■ 空間単位（森林経営地域、自治体など）
　② 情報は、1：5,000の図面を含む。
(2) 林道台帳に含まれる道路
　　■ 林道として開設された新しい道路
　　■ 公道を管理する規則に基づいて開設され、技術的要件を満たしている公道
(3) 新たに開設された林道の妥当性についての客観的評価の報告書
(4) 林道台帳から削除される場合
　　■ フォレストサービスが森林所有者の同意を得て、規則に準拠した公道として自治体または国当局に移管する場合
　　■ 完全に劣化して元の状態に戻せる可能性のない林道
　　■ 2005年以前に開設が終了し、公的資金も投入されず、森林所有者との契約を解除するための条件が整っている場合

第25条
〈公共インフラの連結土地台帳に記載される情報の提供〉

　公共およびその他の道路網とスロベニアの道路網の総合的な見直しと調和を図るために、フォレストサービスは公共インフラの地籍情報に、少なくとも年に一度林道台帳のデータを送信する。

Ⅲ. 森林作業道

1. 設計、開設

第26条
〈森林作業道のための伐開システム〉
(1) 森林作業道による森林開発は、詳細な企画と計画で構成される。フォレストサービスは森林作業道の計画を立てる。
(2) 森林所有者と協力して、計画された森林作業道は地形に沿った計画ルートとして確実なものにする。
(3) 企画段階で、森林作業道の開発と開設のための優先分野を特定するために、森林経営計画と関連した森林作業道、森林開発を計画する。
(4) 森林作業道の詳細な計画は、施業計画内で実行される。森林作業道は造林計画の技術的部分に大きく関わる。精巧な作業道は、造林計画として管理される。開設者の発議は、書面または口頭で森林所有者に伝えられる。
(5) フォレストサービスから森林所有者への関わり
　■林班を提案し、作業道の開放条件を定義する。
　■森林技術の仕組みや準備のための条件を明確にし、その技術的な要素を教習する。
　■斜面の安定性を確保し、侵食防止のための対策を講じ、路面の雨水を調節する。
(6) フォレストサービスは、開設計画が森林の機能を大幅に損なうことが判明した場合、開設のための同意を拒否する。

第27条
〈森林作業道を計画するための条件〉
(1) 森林作業道の最大密度を、木材収穫のための条件として以下のように考慮する。
　■カルスト：180m／ha
　■丘陵地：150m／ha
　■アルペン地方：130m／ha
(2) 50%までの傾斜地域で計画されるのが望ましい。
(3) 河川や急流の河床に配置しない。
(4) 造林計画の技術的部分として、次の場合に農地や森林における森林作業

道の生態系への影響に関する具体的な評価を行う必要がある。
- 傾斜50％以上の傾斜地
- 野生動物の保全のための重要な領域のすぐ近く
- 不安定もしくは条件付きで安定した斜面や渓流
- 傾斜25％以上の農地

第28条
〈森林作業道の開設〉

(1) 森林作業道の開設は森林や環境への損傷を最小限にする技術を適用する必要がある。
(2) 森林作業道は、排水を管理し、自然保護に努め、侵食のリスクを回避し、開発地域の水管理を維持するように侵食防止ガイドラインを厳格に遵守しなければならない。
(3) 森林作業道の設計、開設または工事は、以下の条件を考慮すること。
　① 幅員は集材車両の大きさと3.5mのうち最大のほうに適合させなければならない。
　② 最大縦断勾配は、以下のように土壌侵食の受けやすさを考慮する。
　　- 石の路盤：40％
　　- 岩交じりで侵食に少し敏感：25％
　　- 侵食に弱い路盤：12％
　③ 横断勾配は集材の容易さも考慮し、5〜10％とする。
　④ 土壌侵食と降雨強度に対する耐性および縦断勾配に基づいて横断排水施設を配置する。
　⑤ 他の道路との接続は、輸送方向に45度以下の角度で取り付ける。
　⑥ 急な斜面では、旋回のためのスペースを規制する。
　⑦ 木材の貯蔵場所は、他の道路との接続部近くに配置する必要がある。
(4) フォレストサービスは、この規則に定める条件について森林作業道の開設または工事をモニターし、社会的責任を負う。

2．メンテナンスと森林作業道の利用

第29条
〈森林作業道のメンテナンス〉

(1) 森林作業道による周辺の土地への悪影響を防止し、安全な集材作業を可能にするように森林作業道は維持されなければならない。

(2) 森林作業道の維持は、森林作業道の所有者または利用者による。

第30条
〈森林作業道の利用〉

(1) 造林計画に基づく森林作業道は、その影響力の範囲内にある森林所有者に利用される。
(2) 野生生物の保全地域の近くでは、森林作業道の利用がある期間限定されることがある。
(3) 利用者は、集材完了後に将来の使用が可能な状態になるよう森林作業道の排水を調整する。
(4) 侵食によって不安定な土壌のバランスを混乱させないために使用時間を制限する。

3．森林作業道台帳

第31条
〈森林作業道台帳の内容〉

フォレストサービスは、森林作業道台帳を管理する。
　① 情報
　　■ 道の位置
　　■ 長さ
　　■ 空間単位（森林経営ユニット、自治体での地籍など）
　② 前項の情報を含む1：5,000の図面。

Ⅳ．林業への投資とメンテナンス

第32条
〈林業投資とメンテナンス〉

(1) 林業投資による森林経営において、適切な計画に基づいてメンテナンスが行われる。
　　■ 林道
　　■ 消防施設
(2) 林業投資を利用して、消防施設をメンテナンスする。

第33条
〈林道における林業投資と保守作業〉
林業投資の保守作業によって林道や森林作業道の再建に取り組む。

第34条
〈林業投資と保守作業における消防施設〉
(1) 林業投資の保守作業における消防施設は次のとおり。
 ① 開設または再建
    - 防火帯や防火壁
    - 火災の危険性の高い森林における防火帯
    - 道路への入口や避難所
    - ヘリコプタへの給水
 ② 消防施設、ゲート、標識
(2) フォレストサービスは、火災に対する森林保護のための年間プログラムに基づいて消防施設の保守作業の実施を確実に行なわなければならない。

第35条
〈森林計画システムと防火帯〉
(1) 開発地域の計画システムは、防火帯の枠組みや詳細な森林開発計画で構成される。フォレストサービスは開発地域の防火帯を計画する。
(2) 森林経営計画との関連で防火帯作設のための優先地域を特定する。森林経営計画に従って、火災の危険の高い1番目と2番目のレベルの森林を重点地区として指定することができる。
(3) 防火帯の設定は、施業計画の過程で行われ、防火帯に対する開発地域の詳細な計画は次のとおり。
    - 防火帯設定の自然環境への影響と、すべての道路と森林の開放による火災の危険エリアに関する報告書
    - 1:5,000〜1:10,000の図面
(4) 森林経営ユニットでは、防火帯作設に関連して保全指導を行なわなければならない。フォレストサービスは状況に応じて自然保護のためにスロベニア共和国の意見を求める。

第 36 条
〈消防林道の設計〉

消防林道のプロジェクトについては、プロジェクトの書類に従う。本規則第35条(3)に基づいて高度を稼ぐように計画され、造林計画を添付しなければならない。

第 37 条
〈消防林道をつくるための条件〉

(1) 森林作業道の消防施設としての開設条件として、少なくとも直線上で幅員2.0m以上でなければならないが、本規則第28条(3)の③、⑤、⑥、⑦に定める条件はあてはまらない。
(2) 縦断勾配は25％まで可能。
(3) 本規則第35条(3)および「火災のための計画、国勢調査の部」に準拠して作成されている消火ルートにおける必要事項、造林計画を含む。

第 38 条
〈消防施設の定期的なメンテナンス〉

(1) 消防施設は、その機能を保持するように定期的にメンテナンスしなければならない。
(2) 防火帯の定期的なメンテナンスは、道路の維持管理、排水、保守規定などで構成される。
(3) 定期的なメンテナンスは長期間にわたって実施され、道路や施設、防火帯を復元するために必要である。
(4) フォレストサービスは、火災に対する森林保護のための年間プログラムに基づいて、消防施設の保守作業の実施を確実に行なわなければならない。このことは森林への重要な投資である。

V. 移管後の規定

第 39 条
〈経過規定〉

フォレストサービスは、本規則第31条に基づく森林作業道の台帳を、プロジェクトの施業計画のソフトウェアの導入と並行して、順次整備する。

第 40 条
〈終章〉

林道の規則としてスロベニア共和国の官報に記載する。

第 41 条
〈発効〉

本規則は、スロベニア共和国の官報での公表後に効力を生じる。

2008年12月19日　EVA 2008-2311-0150

　　筆者注：Ⅲ章「森林作業道」は、原語はgozdne vlakeで、直訳すると「森林の列」となる。スロベニア共和国の林道、集材道という組み合わせから、集材道と訳してもよいが、造林の役割があったり、森林所有者の自発的利用も促しているため、林道よりも低規格の道として、わが国で用いられている「森林作業道」と訳した。
　　また、maintenanceという用語は、38条(2)のようにメンテナンスには保守も含まれる。本書では、維持管理と訳したり、そのままメンテナンスとした。

東ヨーロッパ・南ヨーロッパ
クロアチア共和国
Republic of Croatia

クロアチア共和国の森林・林業概要

　クロアチア共和国は九州の1.5倍ほどの大きさである。旧ユーゴスラビアに属していた。ユーゴスラビアには「南のスラヴ人の国」という意味がある。7世紀頃スラヴ人が定住をはじめ、10世紀前半にクロアチア王国が建国された。その後、ハプスブルグ家の支配下に入ったりするが、第2次世界大戦後、ユーゴスラビア社会主義連邦共和国の1つとして発足し、社会主義体制が敷かれた。1991年にクロアチア共和国として独立した。
　クロアチアは元来が肥沃で、豊富な水資源、景勝に恵まれ、工業の他、林業、観光が主要産業である。厳正保護、国立公園、自然公園、特殊保存林、公園林、重要景観、自然モニュメントなど、746の保護地域または対象物があり、国土の7.9％を占めている。人口1人当たり森林面積は0.51haであり、わが国よりも多い。国の森林面積の82％が国有で、私有は18％である。国有の80％をHrvatske Šume（直訳クロアチア森林。英訳はForest Enterprise。以下HŠ）が管理、経営している（Hrvatske Šume）。
　内陸部の森林は標高100mから1600mに位置する。低地からナラ帯、ブナ・モミ帯、亜高山ブナ帯、スイスヤママツ（モンタナマツ、*Pinus mugo*）帯へと移行していく。地中海地域の森林はセイヨウヒイラギカシ（holm oak、*Quercus ilex*）とアレ

ッポマツ（*Pinus halepensis*）に特徴づけられる沿海地域と、pubescent oak（*Quercus pubescens*）とヨーロッパクロマツ（オーストリアクロマツ、*Pinus nigra*）に特徴づけられるサブ地中海地域に分けられる（Hrvatske Šume）。

　森林および林業は、『森林法（1990、1993改定）』、『森林植栽法（1992、1993改定）』によって規制されている。このほかに、『環境保護法（1994）』、『水法（1995）』、『狩猟法（1994）』、『防火法（1993）』、『自然計画法（1994）』にも関連する。森林法の主な目的は、森林の多目的利用の高揚と経済的に持続可能な利用、森林の保護、劣化した森林の回復と植林地の増大、私有林の再構築、カルストにおける保護林の役割の高度化である。国有林政策の目的の1つは持続的利用である。クロアチアの森林経営は240年以上の伝統を持つとされ、高い生物多様性を持った森林に天然更新をもたらしている（Hrvatske Šume）。

ザグレブ大学演習林

　フランス革命やオーストリア＝ハンガリー帝政下のスラブ諸国で起こった民族意識の高まりなどを背景に、1846年にクロアチア・スラブ経済協同体（Croatian-Slavonic Economic Society、Hrvatsko-Slavonsko gospodarsko društvo）の中に森林部門が設立された。これをきっかけに、森林管理の専門家を育てるための学校設立が開始される。ザグレブ大学は1874年に開講式が行われ、林学部は1898年に法律、哲学、神学に次いで大学第4番目の学部として発足した。

　ザグレブ大学演習林は教育だけでなく、専門家に必要な実践経験を積む場として設立当時より続く（University of Zagreb, Faculty of Forestryウェブサイト）。

漸伐施業と林道

写真1　旧ユーゴスラビア時代のザグレブ大学Lipovljani演習林（1987年）
集材はソ連製（当時）の前輪駆動のクローラトラクタで行っていた。ときどきサヴァ川の氾濫があるので、側溝も深い。

クロアチア共和国

写真2　クロアチアとして独立した
　　　　ザグレブ大学Lipovljani
　　　　演習林を再訪（2008年）

教科書どおりのナラ（*Quercus robur*）の漸伐を行っている。集材はスロバキア製のウインチ付ホイールトラクタ（写真4と同形）で行っていた。枝条はトラクタ集材路に厚く敷いたりしている。林道沿いが土場になっている。枝条部分は燃料材として利用されるため、林道端にまとめられている。

天然生林択伐

ザグレブ大学ザレシナ（Zalesina）演習林は、標高750m、年間雨量2,000㎜である。土壌はシリカで酸性が強い。80％がトウヒ、20％がブナとモミで、成長量最大で天然更新ができるよう、胸高直径72㎝を理想とし、回帰年10年の択伐が行われている。平均樹高34m、本数412本/ha、林木蓄積467㎥/ha、年平均成長量7.7㎥/haで、択伐材積は10年で141.1㎥/ha（30％）である。択伐はいつも林相が同じに見えるように心掛けている。演習林内の林道は25kmで、舗装することにより、メンテナンスのトータルコストが安くなることから、延長の40％がアスファルト舗装に替えられている（**写真3**）。

業者委託のスキッダ集材を行っている（**写真4**）。林道密度は30m/ha、集材道密度80m/ha（skid road、**写真5**）で、集材距離は200〜250mである。

写真3　演習林の幹線林道
メンテナンスのトータルコストを安くするためにアスファルト舗装を進めている

写真4　スロバキアのZTS社製LKT81ホイールトラクタ(スキッダ)

写真5　集材道

引用文献

Hrvatske Šume. Forestry in Croatia. 12p.

University of Zagreb, Faculty of Forestry. History.
　http://www.sumfak.unizg.hr/Ofakultetu.aspx?mhId=13&mvId=165
　（2017/7/12参照）

東ヨーロッパ・南ヨーロッパ
ボスニア・ヘルツェゴビナ
Bosnia and Herzegovina

ボスニア・ヘルツェゴビナの概要

■ 首都	サラエボ	
■ 国土面積	5万1,000㎢	
■ 人口	353万1,000人	
■ 森林面積	218万5,000ha	
■ 森林率	42.8%	

ボスニア・ヘルツェゴビナの再建

　旧ユーゴスラビアに属していたボスニア・ヘルツェゴビナは、セルビア系、クロアチア系住民が混住し、かつてオスマン帝国下でもあったことからイスラム系の人たちも住み、宗教もそれぞれに異なり、長い歴史の葛藤もあって、1992年から1995年にかけて複雑な内戦状態に陥ったことがある。現在、物心両面の再建が行なわれている。国有林は林業公社（Forest Enterprise）が管理し、施業委託されている。西暦2000年以前は業務委託は林業公社のみであったが、2000年以降入札になり、企業も参入が可能になった。農地や林地は一時国有化されたが、希望者に売却しながら私有化されている。

森林地帯の地質と林道（2009年）

写真1　石灰岩地帯のカルスト地形
雨水は地中に潜ってしまうため、河川がない。地下は鍾乳洞が発達していると思われる。ここは内戦が激しかった。

写真2　石灰岩地帯の林道と豊かな森林資源

写真3　蛇紋岩地帯の林内路（左）
ボスニアからギリシャにかけて、蛇紋岩地帯が南北に走っている。蛇紋岩はニッケルや重金属を含むため、植生が限られ、特有の植物がある。しかし、土壌が形成されたところでは、ヨーロッパアカマツ（一部クロマツ）が天然生林を形成し、人工林としてはヨーロッパクロマツが植林されている。

写真4　蛇紋岩地帯
尾根にナラがあり、谷側にトウヒが生育している。普通はこの逆である。
尾根の土壌の厚さがせいぜい20cmと浅く、生育には十分であるが養分が少ない。下の土壌は上から水と栄養が流れてくるためにこのような棲み分けになったとのことである。下の河川による微気象の影響もあるものと思われる。

トラクタ集材とトラック道

写真5　ナラーブナ林でのトラクタ集材現場（2014年）
国有林内、天然生林の択伐施業で、等級ごとに木口面にタグを付け、管理されている。

写真6　トラクタ道（左）とトラック道（右）の接続部（2014年）
トラクタによる地引き集材は道が荒れるため、トラクタはトラック道には入らない。自然回復力が強いので、トラクタ道はいずれ草に覆われる。

ドロマイト地帯でのトラクタ集材(2004年)

　ロム(Lom)にある林業公社を訪れる。1万3,157haを管理し、96％がモミ、ブナなどの針広混交の天然林である。平均蓄積は380㎥/ha、10年回帰の択伐で毎年9万㎥生産している。ロムは地中海とディナル地方の空気が混ざり、キクイムシにとっては好都合の環境とのことである。土壌は60％が蛇紋岩質で、残りは石灰岩やドロマイトである。天然生林の択伐施業を行い、病気にかかった木、着葉が少ない寿命が来た木、次の回帰年までもたない木を優先に伐っている(**写真7**)。経済的な利用よりも、森林の天然更新、育成を優先している。林業経営はオーストリア統治時代の影響が大きい。現場の土壌は石灰岩やドロマイトが混在している。ドロマイト地帯は土壌が浅く、30〜40cmしかない。したがって、スキッダによる集材は注意を要する。林道密度が9m/haであり、集材路(skidding trail)を入れると100m/haになる。林道から派生している集材路の長さが250〜300mであり、集材路の両側各70mを木寄せする。地元の村人が林業公社から請負って5人で10頭の馬を使う馬搬も行われていた。

写真7　ホイールトラクタによるモミーブナーナラ天然生林択伐作業(2004年)

Timberjack 225Dスキッダ2台と、ZTS・LKT81スキッダ(クロアチア 写真4参照)1台が稼動して、材積にして19〜20％の択伐を行っている。

東ヨーロッパ・南ヨーロッパ
セルビア共和国
Republic of Serbia

セルビア共和国の概要

- **首都** 　　ベオグラード
- **国土面積** 　7万7,474万km²（九州とほぼ同じ）
- **人口** 　　712万人
- **森林面積** 　272万ha
- **森林率** 　31.1％

セルビア共和国の森林・林業

2006年に誕生したセルビア共和国は、社会主義から脱却して近代経済に応じた方向に向かおうと、経済的移行期にあり、EU加盟に向けて様々なチャレンジを行っている。旧ユーゴスラビアの首都でもあったベオグラード市は、ドナウ川とサヴァ川の合流地点にあり、ヨーロッパ、トルコ、ロシアの交通、文明の要衝であり、それだけに戦火も絶えなかった。ベオグラード市内には、コソボ紛争のときのNATOによる空爆撃跡がいまだに残っている。

森林経営もEUをモデルに、FAOなどの支援も受けながら、競争原理を取り入れた市場経済化に取り組んでいる。しかし、政治や経済に翻弄されることなく、社会、経済、生態系の調和を保ちながら、組織改革を行うのは大変な課題であり、森林行政も中央指導から、財政的にサポートしながら公共的に変えていこうとしている（Srndovič 2012）。

ステートエンタープライズ(State Enterprises)

セルビアの森林率30％は世界の平均に近いが、ヨーロッパの平均46％よりは低い。それでも2009年に公表された数字は、1979年よりも5.2％増え

ており、森林資源の充実に努めていることがうかがえる。

セルビアの林業にとって、国営企業であるステートエンタープライズ (State Enterprises、Srbijašume、以下SE) が重要な役割を果たしている。SEは『Forest Law 1991（森林法）』とともに、1991年に設立された。

SEの本庁はベオグラードにある。全国17区に割り振られた国有林を支庁が管理し、3,200人の職員がいる。SEは政策の意思決定機関であると同時に、国営企業はややもすれば社会的側面しか考えないが、最適な人員で高い収入を得るよう事業化も指向しようとしている。2005年にはオーストリア共和国との共同事業にも取り組んでいる。SEは後述するように、民有林の経営にも関与している。

森林は再生可能資源として持続性が求められ、公共の関心も高い。SEは27の苗畑を所有し、国有林、民有林に年間600万～700万本の苗木を提供し、国全体の資源充実に努めている。また、44の狩猟区を管理し、野生動物をモニターしながら、繁殖や狩猟頭数を管理している。釣りのための水質も管理している（以上Srndovič 2012）。

森林面積、蓄積

統計の数値は出所によって異なるが、2009年の数値である森林面積225万2,000ha (Ivetič 2015、Srndovič 2012) に基づいて内容を見てみる。

国有林は53%の119万4,000ha、民有林は47%の105万8,387haである。SEが85万752haの国有林と105万8,387haの民有林を管理、経営している。残りの国有林は、国立公園や保護林などを管理する他の国営企業が管理している。上記の85万752haは72万1,845haの森林と4万1,270haのforest cultures（筆者注：社会的、文化的機能の高い森林）、8万7,637haのwooded land（疎林）からなる。疎林を除く76万3,114haの森林の平均蓄積は160.1㎥/haで、年間平均増加量は4.2㎥/haである (Srndovič 2012)。

広葉樹が蓄積の90.7%を占め（内訳はブナ林27.6%、ナラ林24.6%、ポプラ1.9%、硬い広葉樹6.0%、軟らかい広葉樹0.6%、広葉樹混交林30%)、針葉樹6.0%、針広混交林3.3%である。針葉樹はトウヒ類（ノルウェースプルース、セルビアスプルース (*Picea omorika*))、モミ類、マツ類である。種子由来の森林39.6%、薪炭林34.6%、人工林14.7%、低木5.6%、茂み5.5%である。平均蓄積は101.7㎥/haで、種子由来の森林153㎥/ha、薪炭林70㎥/haである（聞き取りによれば、600～700㎥/haの高林を見ることもあるが、薪炭林が重要な役割を果たしているとのこと）。森林の質は高くはないが、生物多様性は高い。

セルビアの最初の蓄積が書かれたときのデータによれば (1884～85年)、国有林20万8,000ha、共有または公有林26万2,000ha、自治体林74万8,000ha、計121万8,000haであった。第1次世界大戦と第2次世界大戦の戦中、戦後に、森林伐採が最も利益が上がったことから盛んに伐られた。

セルビアの54万3,000ha (6.1%) は、5つの国立公園 (Fruška Gora, Kopaonik, Tara, Šar Planina, Đerdap-Iron Gate)、15の自然公園、50の厳格な自然保護区、21の特別自然保護区、284の自然記念物などからなり、それぞれ異なる方法によって保護されている（以上Ministry of Agriculture, Forestry and Water Management 2006）。

森林管理方針と私有林の振興

農業・林業・水管理省、森林局 (The Republic of Serbia Ministry of Agriculture, Forestry and Water Management, Directorate of Forests) の『Forestry Development Strategy for the Republic of Serbia（セルビア共和国の林業発展戦略）』(2006) によれば、現在の森林を更新、保続

し、農業に適さない土地や裸地を造林することが優先されている。一方、林業を通じて、経済的困難と今までの国際的孤立からの脱却が課題となっている。

　地方の生活条件の改善がセルビアの持続的発展を可能にすることから、市民が林内に自由に立ち入り、楽しむことができることを保証している。SE再建の過程で、仕事の質を高め、ビジネス化を図ることが進められている。特に地方の役割に焦点が絞られ、私有林を振興し、地方の発展を図ることが大きな目標になっている。私有林の平均所有面積は0.35haであるが、所有者のモチベーションが高い。

　森林所有者、受益者、素材生産業者、林産業、製紙産業、木工業、保健業、農業、レクリエーション利用者、ツーリスト、旅行業者、狩猟、釣り、政府および非政府団体、個人など多くの利害関係者（stakeholders）があり、政府は法的枠組みを提案しながら利害関係者間の横断的な調和を図り、森林の生態的価値を保全しながら、経済的発展を目指すことで、これらの社会的バランスをとっていこうとしている。戦略のゴールは森林の状態を保全、強化し、林業を経済の一部として発展させることである。この戦略のもとにおける次のステップはアクションプランの作成である。

ステートエンタープライズの森林管理

　ベオグラードの南方150kmに位置するDespotovac市のSEでの聞き取りをもとにSEの森林管理を紹介する。

　国有林は森林施業計画と路網計画の立案から伐採木の選定、野生動物管理まで行っており、すべての施業は公募により委託先が決められる。国有林にとどまらず、管理地域の私有林における計画も立案し、森林所有者の同意を得ながら地域一体となった森林管理を目指している。ベテラン職員が選木などのアドバイスも行っている。私有林では国有林の施業計画に加わる選択肢の他に、自伐と森林組合に入るという2つの選択肢があるが、森林組合は機能を果たしていないとのことである。

　SEはそれぞれの区画の計画を立て、ベストの提案をし、内容はレポート（National Report）に掲載されている。国有林は南部に多い。

　平坦地では農業用トラクタによるウインチ集材が、急傾斜地ではスキッダ集材が主として行われている。伐木造材はほぼチェーンソーである。フォワーダとハーベスタというシステムもあるが、この方法による出材はまだ2％にすぎない。

ステートエンタープライズの事例
―Despotovac市

　Despotovac市のSEは2番目に大きく、職員は150人である。その内の90人は大学を卒業し、フォレスターとして育林から伐採、動物管理まで広く計画立案に携わっている。市との境界の調整も行う。残りの60人は高校を卒業し、テクニシャン（技師）としてフォレスターを支えている。この他に弁護士もいる。技術者はすべてのことを扱う。パートを雇うこともあるが、作業員は雇用していない。

　管内には4万haの国有林があるが、セルビア国の他の地域とは異なり、私有林が多く（7万ha）、私有林への施業提案にも力を入れている。平均蓄積は160㎥/haで、管内全体の林道密度は林道・作業道（集材路）あわせて8.5m/ha、そのうち7m/haがトラック道（林道）である。

　林道作設には政府から毎年補助金が出ており、その額はその年の政府予算によって変動する。2014年は50～60％が補助金によって支えられていたとのことである。残りの支払いは林業収入で賄われる。野生動物管理として、アカシカやイノシシの狩猟も管理されており、その狩猟管理の収入で1％程度が負担できる場合もあるとのことで

ある。木材収入は確かに大事ではあるが、環境も大事とのことである。

　開設単価は、山岳地帯で3万2,000～3万5,000ユーロ/km、低地で5万～6万ユーロ/kmとのことである。

　集材路は出材業者が自分でつくり、メンテナンスも担っている（**写真9**参照）。

　ベオグラード大学（Univerzitet u Beogradu）での聞き取りによれば、現在林道密度は地域によって異なり、5～30m/haであるが、大体6m/haであり、目指す密度は22～25m/haである。まだ整備が十分に進んでおらず、そのため経済価値が低い林分では林地の侵食が生じているとのことである。

林道の構造基準

　林道は、1次林道のトラック道（forest road）と2次林道の集材路（skidding road、skidding trail）の2種類に分けられる。

　1次林道は、

- グラベル道路（砂利道、狭義の林道）：通年で森林にアクセスできる堅固な道
- アース道路（未舗装道路）：乾期または冬期に森林にアクセスできる軟弱な道

に分けられる（**写真1～5**、**図1**。図版はベオグラード大学Dušan Stojnić助手提供）。

　林道の構造基準を**表1**に示す。林道の車道幅員は低地（lowland）で3.6m、山岳地で3.0mであり、両側に計1.0mの路肩を設けることが望ましいとされている。

写真1　山岳地のグラベル道路

セルビア共和国

写真2　山岳地のアース道路

写真3　春期の山岳地のアース道路

写真4　低地地帯における一般的な林道の構造

東ヨーロッパ・南ヨーロッパ

写真5　山岳地帯における一般的な林道の構造

表1　林道の構造基準 (Dušan Stojinić 氏提供)

水平な曲線における最小半径	20m（蛇紋岩は12m）
最小車道 (carriageway) 幅員	1車線では3.0m、2車線では5.0m （70m以下の曲線半径では、車道の拡幅を必要とする）
最小路肩幅	両側あわせて計1m
最大縦断勾配	10%（短区間に限り12%）
縦断曲線の最小半径	凸形曲線600m、凹形曲線400m
待避所	1車線では300〜500mごと（図1）

注) のり面勾配は地表の安定性 (terrain stability) による。
カルバート（暗渠）には、コンクリートカルバートとPVC（ポリ塩化ビニル）カルバートがある。

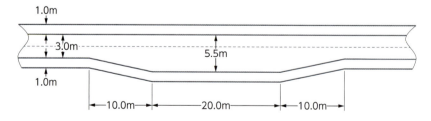

図1　1車線林道の待避所 (passing place)

セルビア共和国の林道事例－Despotovac市のステートエンタープライズ管内

写真6 低木の低地林
ベオグラード市から森林地帯に入る前に、車窓に低木の低地林(lowland forest)が広がる。

写真7 幹線のグラベル道路
林道は第2次世界大戦まではつくられていなかった。最初1969年に開設され、旧ユーゴスラビアの軍隊の助けを得て何回も改良された。縦断勾配8〜10％で、側溝や路面には横断排水施設がない。暗渠は2m下に埋設されている。
この夏(2015年)、雨はないが、前年の4月は雨が1週間降り続き、川沿いであるため、洪水に見舞われた。セルビアでは近年大雨が多くなり、洪水などの被害が発生しているとのことである。気候変動の影響が出ており、経済面だけでなく、環境面からも林業の重要性が増している。

写真8 幹線から派生したアース道路
石灰岩質の急傾斜地帯にあるブナ林で、択伐が行われている。標高200〜1000mはブナが80％を占める。右に集材路が取り付けられている。

**写真9　農業用トラクタの集材路と
　　　　ブナ林択伐直後の林相**

ここでは26haの区画から5,600㎥の出材を想定しており、2,600㎥は丸太としてトラックで運ばれ、3,000㎥は薪用に採材し、馬搬が行われる。木質バイオマスのプラントでのエネルギー利用はまだないが、ブナは燃材として品質がよい。ブナの天然更新が盛んで、ブナの若齢木が下層に十分に育つのを見計らって高層木を伐る択伐施業を行っている。チェーンソーで伐倒し、ダブルウインチ付農業用トラクタで集材する。若齢木を傷つけないように、トラクタは集材路のみを通行する。集材路は1度使ったものを再利用する。環境に配慮してバッファゾーンを設けたり、若い木を守りながら、効率よい集材路の配置を目指したりしている。林道は循環路を形成する予定であるが、方向転換用の道路もつけられている。

引用文献

Ivetič V (2015) Reforestation Challenges in Serbia: Success or Failure? In: Ivetič V, Ćirković-Mitrović T (ed) Reforestation Challenges. Book of Abstracts. 116p.

Srndovič M (2012) State Forest Management Enterprises in Serbia – Organization and Management Analysis. Master Thesis. 69p. University of Belgrade.

The Republic of Serbia, Ministry of Agriculture, Forestry and Water Management, Directorate of Forests (2006) Forestry Development Strategy for the Republic of Serbia. 30p.

東ヨーロッパ・南ヨーロッパ
スペイン王国
Kingdom of Spain

スペイン王国の概要

- 首都　　　マドリード
- 国土面積　50万6,000㎢（日本の約1.3倍）
- 人口　　　約4,646万人
- 森林面積　1,841万8,000ha
- 森林率　　36.9%

マツ造林地の林道と集材・造材作業（2012年）

　スペインの首都マドリード近郊は、コルクガシ（*Quercus suber*）の疎林が広がる。間を牛が放牧されている。オリーブやワイン用ブドウの栽培も盛んである。標高が上がるとナラ、マツになる。

　林業工学とくにバイオマス利用の第一人者であるマドリッド・ポリテクニック大学（Plytechnic University of Madrid）Eduardo Tolosana教授にマツ造林地を案内していただいた。

写真1　マツ造林地の林道
降雨量が少ないのか、側溝がなく、路肩に枝切れを敷いて、分散排水時の侵食に備えている。

写真2　作業道
ウインチ付農業用トラクタで道まで集材し、ここではハーベスタ（Timberjack社）で造材、フォワーダで運搬という作業を行っている。切土を低くし、盛土して幅員を確保している。

写真3　ウインチ付農業用トラクタによる集材作業

写真4　ハーベスタによる造材作業
オペレータが新人ということで、監督者が現場技術指導をしている。作業道上に丸太を置きながら、丸太とは反対方向にハーベスタは進む。そのもう一方の側からフォワーダが丸太を回収していく。

スペイン王国

写真5　根株による盛土補強
切株を外に向けて、幹を中に突っ込んで基礎をつくるため、根系が外に出ている。日本でも行っている地域があり、俗称イソギンチャクと呼ばれている。外に出ている根系の下をバケットでしっかり転圧しないと崩れ落ちる危険性がある。つくりから見て、一時的使用と思われる。

上巻／図版引用の掲載許可(敬称略) Permission for reprint figures.

B.C. Ministry of Forests: Forest Road Engineering Guidebook. For. Prac. Br., B.C. Min. For., Victoria, B.C. Forest Practices Code of British Columbia Guidebook.

Brian R. Murphy, Tom Hammett: Low-Volume Roads Engineering (Gordon Keller, James Sherar).

Steve Michael Bloser: Environmentally Sensitive Road Maintenance Practices for Dirt and Gravel Roads.

大橋慶三郎:『図解　作業道の点検・診断、補修技術』全国林業改良普及協会

Jonathan Wu: Design and Construction of Low Cost Retaining Walls

ウィーン農科大学Gerhard Kammerer准教授

索 引

盛土、切土の用語は各国に頻繁にあるため割愛しました。
のり勾配も図中や表中に具体的数字が記載されたりしているため、索引からは割愛しました。
これらは「横断面」で検索して下さい。
樹種名も、ナラ、ブナなど種まで特定できない場合があるため、索引からは割愛しました。

【あ行】

アース道路………………………… 上-218, 221
アーチ………………………… 上-57／下-46
アーティキュレート式（車体屈折式）…上-183／下-31
アイスストーム…………………… 上-180, 182
アクセス道………………………………… 下-112
上げ木集材………… 上-93, 100, 151／下-139, 152
アスファルト舗装…………… 上-117, 120, 209／
　　下-175, 182
アセスメント…………………………… 下-69, 70
圧縮係数…………………………………… 上-95
アップグレード（高規格化）………………… 下-44
洗い越し………………… 上-124／下-119, 132
粗道……………………………………… 上-145
アルゴンキン州立公園……………………… 上-32
アルペン地方……………………………… 上-201
アンカー………………………………… 下-145
暗渠…… 上-25, 26, 28, 41, 43, 50, 56, 67, 90, 96,
　　98, 99, 103, 111, 146, 157, 165, 190, 194,
　　220, 221／下-18, 25, 27, 46, 47, 57, 58, 94,
　　112, 113, 114, 116, 118, 120, 121, 132,
　　138, 141, 143, 151, 178, 196
安全……………………………………… 上-21
安全運転………………………………… 下-157
安全確保………………………………… 下-54
安全管理………………… 上-51, 82／下-20, 156
安全区域………………………………… 下-162
安全計画………………………………… 上-51
安全作業………………………………… 下-142, 163
安全指針………… 上-45／下-20, 148, 149, 156
安全システム…………………………… 下-157, 158
安全性…………………………………… 下-103
安全戦略………………………………… 下-157
安息角………………………… 上-18／下-23
安定勾配………………………………… 下-23
安定性…………………………………… 下-113
行き止まり道……………………………… 下-26
維持管理… 上-24, 28, 47, 51, 58, 60, 95, 96, 143,
　　144, 156, 157, 160, 197, 199, 206／下-17,
　　31, 45, 66, 69, 72, 77, 103, 197
維持管理費……… 上-81, 123, 155, 156, 161, 175
　　下-30, 31, 68, 129, 133, 175
意思決定支援システム……………………… 下-39

意思決定者（ディシジョンメーカー）…… 上-115, 154
意思決定方法……………………………… 下-49
石積み…………………………… 上-161, 179
維持補修………………………………… 上-47, 51
イソギンチャク…………………………… 上-225
1次………………………………………… 下-196
一時的な道……………………………… 下-45, 112
1次林道………………… 上-17, 40, 218／下-177
移動式休憩室……………………………… 下-61
移動式チッパー…………………………… 下-16
癒やし…………………………………… 上-169
インターモーダルターミナル……………… 下-52
ウィーン農科大学………………… 上-94, 107, 123
ウインチ………… 上-100, 111, 144, 184, 224
ウインチアシスト………………………… 下-143
ウインチ集材……………………………… 上-217
ウインチ付ホイールトラクタ（ケーブルスキッダ）
　　　　　　　　　　　　　　上-78, 178, 209
ウェアーハウザー社…………………… 上-42, 81
ウェストバージニア大学…………………… 上-64
請負………………………………………… 上-82
請負業者…… 上-64, 154, 161／下-16, 17, 20, 21,
　　33, 43, 57, 61, 69, 81, 104, 106, 135, 143,
　　146
請負作業………………………………… 下-106
受け口…………………………………… 上-172
畝… 上-51, 57, 80, 165, 174／下-131, 134, 149
ウメオエナジー………………………… 下-52, 57
運材道路………………………… 上-58／下-196
運転手の負担…………………………… 下-157, 158
衛生伐…………………………………… 上-140
エクスカベータ………………… 上-82, 86／下-133
エコシステム………… 上115／下-19, 69, 176, 177
エコシステムマネジメント………………… 上-157
エコパーク……………………………… 下-60
S字カーブ……………………………… 上-123
枝打ち…………………………………… 下-134
エネルギーバランス……………………… 下-134
エネルギープランテーション……………… 下-184
横断勾配……… 上-96, 190, 195, 202／下-24, 25,
　　28, 55, 58, 79, 112, 131, 153, 181, 182
横断排水溝……… 上-66, 67, 96, 99, 100, 111, 137,
　　151／下-81
横断排水施設…………………… 上-146, 163, 165, 221

227

横断面………上-18, 20, 21, 51, 96, 100, 105, 145, 189／下-23, 75, 105, 121, 149, 158
大橋慶三郎………………………上-53, 55／下-179
オフロード路……………………………………下-16
オヨス森林経営会社……………………………上-104
温帯雨林…………………………………上-43, 84

【か行】

海外援助…………………………………………下-192
回帰年……………………………………………上-140
開渠………………………………………………上-146
開設単価…………………………………上-161, 218
開設目的…………………………………………下-177
階層分析法………………………………………下-176
外注管理…………………………………………下-156
皆伐……上-37, 41, 44, 89, 104, 105, 110, 140／下-33, 35, 36, 57, 59, 62, 65, 104, 105, 147, 152
開発計画…………………………………………下-19
開発道路…………………………………………下-22
海洋筏……………………………………………上-37
外来種……………………………………上-70／下-183
カウチンレイク森林研究所……………………上-36
カウリ……………………………………………下-123
拡幅…上-111, 124, 144, 150, 188, 194／下-28, 161, 181
花崗岩……………………………上-93, 99／下-146, 182
火災保険…………………………………………下-37
河床橋……………………………………………下-119
河床路……………………………………………上-50
過積載…………………………………………下-156, 162
河川横断……………下-18, 46, 111, 117, 132, 153
架線集材……上-17, 82, 93, 146／下-93, 135, 139, 146, 150
架線集材線………………………………上-100, 102, 111
架線集材メーカー………………………………下-143
架線道……………………………………………上-100, 111
片勾配……上-96, 100, 144, 148, 190／下-25, 55
価値生産…………………………………………上-113
価値の回収………………………………………下-164
価値の玉切り……………………………………下-66
加藤誠平…………………………………………上-100
カナダ天然資源局………………………………上-45
可能伐採量………………………………………下-31
かまぼこ型………上-24, 40, 51, 53, 97, 104, 110, 111, 113, 137, 164, 165, 179, 182, 190／下-24, 25, 59, 60, 81, 82, 104, 196
上イドリア景観公園……………………………上-180
ガリア戦記………………………………………上-115
カルスト……上-162, 201, 208, 212／下-114, 121
カルバート………………………………………上-50, 220
カルパチア山脈…………………………………上-139
川真珠貝…………………………………………下-36, 48
環境インパクトアセスメント…………………下-19
環境価値…………………………………………下-18, 22

環境規程…………………………………………下-46
環境教育…………………………………………上-166, 170
環境に対する科学・政策・管理………………上-51
環境評価…………………………………………上-94／下-195
環境分析…………………………………………上-47
環境マネジメント………………………………下-70
観光道路………上-73, 116, 118, 148／下-103
緩衝帯……………………………………上-69, 83, 84
含水比……………………………………………上-94
含水率……………………………………………下-16, 33
幹線………………………………………………上-144
幹線道路………上-157, 193／下-112, 127, 170
幹線林道…上-40, 104, 160, 209／下-66, 72, 129, 173, 181
乾燥密度…………………………………………上-94
カンタベリー大学………………………………下-153
監督者……………………………………………下-21
間伐……上-105, 130, 160／下-17, 33, 36, 61, 65
看板…………上-70, 74, 86, 119, 160, 169, 170
緩和区間…………………………………………上-100, 164
緩和接線…………………………………………下-161
機械化造林………………………………………下-84
機械投資…………………………………………上-82
機械道……………………………………………上-100, 111
規格構造…………………………………………下-177
幾何構造…………………………………………下-45, 157, 173
基幹道……………………………………………上-93
基幹林道…………………………………………上-162
基幹路網………………上-95, 96, 102／下-66
キクイムシ………………………………上-140, 185, 214
危険区域…………………………………………下-162
気候変動………………上-48, 115, 221／下-65, 98
技術的思想………………………………………上-95
季節性……………………………………………下-196
北都留森林組合…………………………………下-119
木の農場…………………………………………上-81
基盤整備…………………………………………上-111
キャタピラー社…………………………………下-126
客観的評価………………………………………上-196
キャンバー…………………………………下-24, 25, 28
吸湿剤……………………………………………上-22
供給保障…………………………………………下-15
胸高断面積合計…………………………………上-84
木寄せ作業………………………………………上-82
橋台………………………………………………上-60
共通認識…………………………………………上-155
共同体……上-141, 148, 161, 163, 166／下-126
共同体警察………………………………………上-142
共同体道…………………………………………上-143
橋梁……上-27, 47, 51, 57, 60／下-46, 47, 68, 119, 132, 173
曲線設定法………………………………………下-195
曲線半径……上-19, 96, 123, 144, 150, 187, 188, 194／下-25, 28, 157, 158, 173, 177, 181
許容サイズ………………………………………上-159

索引

許容最大重量……………………………………下-85
記録情報……………………………………………下-19
キンソル……………………………………………上-34
グーグルアース…………………………………下-177
クェイルチェ社……………………………下-15, 33
クラウンフォレスト……………………………上-16
クラクフ地域森林管理局……………………上-130
クラクフ農科大学……………………………上-126
クラック……………………………………………下-48
クラッシャ………………………………上-89, 106, 148
グラップル…………………………………上-88／下-66
グラップルスキッダ…………………上-30, 65, 78
グラップル搬器………上-41／下-142, 146, 150
グラップルローダ………上-41／下-106, 139, 140
グラベル道路（砂利道）……上-48, 50, 51, 218, 221
グリーンエコノミー……………………………下-15
グリーンダイヤモンドリソース社……………上-87
グリーン道路…………………………………下-176
クリスマスツリー………………………………下-92
車回し……………………………上-124, 187／下-26
クレイドルマウンテン国立公園……………下-122
グレーダ……………………………上-51, 161／下-25
グレーディング…………………………………下-70
クレーン………………………………下-87, 88, 165
黒い森……………………………………………上-112
クローラトラクタ……………………上-78, 185, 208
クロスカントリー………………………………上-74
軍用道路……………………………………上-148, 175
景観……上-39, 47, 95, 100, 111, 115, 118, 116, 118, 119, 123, 148, 156, 179／下-18, 69, 72, 113, 175
景観設計…………………………………………上-156
景観保護区……………………………………下-111
経済的思想………………………………………上-95
携帯電話………………………………下-32, 33, 106, 111
渓畔保護区……………………………………下-111
渓畔林……………………………………………上-45
経費負担…………………………………………下-33
渓流緩衝帯………………………………………上-83
経路分析………………………………………下-177
ケーブルアシスト……………上-82／下-144, 145
ケーブルスキッダ（ウインチ付ホイールトラクタ）…上-78
研究開発…………………………………………上-81
健康安全管理……………………………………下-21
原生林……上-16, 36, 84／下-102, 108, 110, 122, 125, 126
ケンタッキー大学………………………………上-77
権利道路…………………………………………下-34
高規格化（アップグレード）………上-58, 60／下-44, 49, 65, 66, 67, 72, 77, 103, 112, 118, 129
後期除伐………………………………………上-130
構脚橋……………………………………………下-34
公共道路…………………………………………上-58
孔隙密度…………………………………………上-79
鉱質土壌……………………………下-22, 28, 29, 69, 84

更新伐……………………………………………下-65
合成勾配………………………………………下-182
構造基準…………………………………………下-21
恒続林思想………………………………………上-95
交通研究委員会…………………………………上-46
交通量…上-22, 45, 46, 95, 117, 118, 146, 157／下-44, 73, 111, 112, 129, 157, 177, 196
公道……………………………………………上-161
高林……………………………………………下-173
氷道………………………………………………下-61, 70
国営企業…………………上-216／下-43, 60, 68, 69, 92
国営森林経営企業……………………………上-127
国際森林研究機関連合………………………下-189
国際森林工学会議……………………………下-142
国有林…上-49, 86, 126, 154, 208, 211, 216, 217, 下-15, 43, 65, 68, 92, 99, 103, 126, 172, 173, 174, 194
国有林林道…………………………………上-70, 73, 86
腰掛石…………………………………………下-191
コスト……………………………………………上-21
国家建設プログラム…………………………下-122
国家座標系……………………………………上-196
コマツフォレスト……………………下-59, 61, 164
コミュニケーション………上-47／下-31, 32, 40
コムーネ………………………………………上-141
ゴム板横断排水…………………………………上-54
コルクスクリュー坂……………………………下-37
コルゲート管………上-25, 28／下-138, 142, 143
コンクリート管………上-98, 195／下-79, 115
コンクリート舗装……………………………下-181
コンテナ……………………………上-181／下-52, 99
コンプライアンス………………………………下-32

【さ行】

災害の確率………………………………………下-20
災害復旧………………………………上-143／下-17
載荷荷重…………………………………………上-98
サイクリング…上-35, 70, 110, 148, 170／下-194
再建………………………上-20, 21, 203, 204／下-69, 130
採材最適化……………………………………下-139
最小旋回半径…………………………………上-187
再生可能エネルギー……上-92, 127／下-34, 92, 98
砕石運搬車………………………………………上-89
再造林……………………………………………下-92
最適規格………………………………………下-130
最適採材………………………………………下-160, 165
細部路網……………………………上-95, 100, 102, 111
砂岩………………………………………………上-93, 105
作業計画規則……………………………………上-18
作業システム……………………………………上-82
作業道……上-83, 100, 116, 140, 224／下-120, 127, 129, 196
作業ポイント……………………………………下-27
作業林道………………………………………下-181, 182
ザグレブ大学…………………………………上-208

229

サケ	下-48	自動車道網	上-102
下げ木集材	上-100, 144, 180	自動チョーカー	下-144
サケ遡上	上-43	自動目立て機	下-61
サプライチェーン	下-52, 66	私道林道	下-77
サマーハウス	下-68, 76, 78, 79, 82	地ならし	上-51, 58／下-70
産業遺産	下-122	自伐	上-217
散策路	上-34, 70, 112, 166, 169, 180／下-108, 194	自伐林業	上-184
		地引き集材	上-102, 140, 144, 172, 185, 213／下-106, 111, 118, 177
3次	下-196		
3次林	上-17	自明の道路	下-157
3次林道	上-17, 28, 30	締め固め	上-22, 27, 56, 59, 79, 85, 94, 185／下-18, 24
散水	上-87		
酸性雨	上-146	車線数	下-173
残土	上-48, 51	車体屈折式（アーティキュレート式）	上-53, 183／下-85
シェイ蒸気機関車	上-75	ジャッキ	下-125
シェールガス	上-47, 58	車道	上-57, 157／下-24, 25, 130
ジオシンセティクス	上-22, 25, 48／下-197, 133, 176	車道幅員	上-83, 96, 111, 112, 143, 157, 160, 163, 164, 187, 194, 218, 219／下-45, 55, 56, 57, 59, 79, 80, 82, 173, 177, 181
ジオテキスタイル	上-48, 49, 60／下-47, 133		
ジオテクニカルエンジニアリング	上-50	車幅	上-123
ジオ膜	上-48	蛇紋岩	上-212, 214
地がき	下-92	砂利厚	上-143／下-74, 78, 80
敷砂利	上-21, 111／下-131	砂利採取場	上-31／下-151
視距	上-19, 96／下-26, 158, 173	砂利敷き	下-83, 133, 149
軸荷重	上-20, 46, 48, 95, 157, 159, 161, 199／下-32, 46, 159	砂利費用	下-77
		砂利舗装	上-48, 86, 157／下-93, 121, 146
資源道	上-45	砂利舗装厚	上-59
地拵え	下-33, 134, 153	砂利舗装道路研究センター	上-60
事故率	下-158	砂利道	上-51, 218／下-44, 45, 181
資産管理	上-51	砂利密度	下-74
枝条	上-20, 21, 66, 100, 183, 209／下-30, 33, 36, 115, 132	車両系集材方式	下-143
		車両系全木集材システム	下-146
枝条残材	上-18, 36, 88, 140, 181／下-57	集荷道路	上-116, 123
支持力	上-95, 96, 100／下-45, 74	集材距離	上-84, 130, 140, 146, 186, 209
地すべり	上-60／下-118, 175, 197	集材計画	下-65, 177
支線	下-112, 196	集材コスト	下-65
視線移動	上-156	集材道	上-3, 64, 69, 95, 100, 101, 103, 105, 106, 111, 154, 163, 166, 170, 172, 174, 178, 184, 185, 210
支線道路	下-127, 129		
支線林道	上-40, 72, 105, 157, 160, 162／下-81, 84, 181	集材道密度	上-209
		集材方向	下-111
支線路網	上-95	集材路	上-3, 37, 65, 66, 67, 69, 78, 111, 128, 130, 140, 141, 144, 174, 183, 209, 214, 217, 218, 221, 222／下-28, 196
自然観察路	上-44		
自然公園	上-216		
自然保護区	上-119	集水枡	下-143
自然林再生	下-34	重大災害	上-78
自走式搬器	上-146	縦断曲線	上-96, 194, 220／下-173, 181
持続可能な森林経営	上-115, 137, 191／下-39, 64, 76, 92	縦断勾配	上-19, 24, 96, 97, 100, 123, 143, 163, 164, 174, 194, 202, 220, 221／下-25, 28, 56, 112, 129, 131, 136, 138, 173, 177, 181, 182
持続可能な発展	上-95		
持続的価値	下-18		
持続的森林経営（持続可能な森林経営）	上-115, 136／下-15, 18, 19, 126		
		集中造材	下-164
湿地	上-45, 84, 164	重量計測	下-32
湿地用フォワーダ	下-36, 37	私有林道	下-44, 66, 78
自動車道	上-100	種子	上-56, 67

索引

種苗工 下-182
需要予測 下-49
修羅 下-195
狩猟権 下-60
狩猟小屋 上-104, 157, 166
狩猟頭数 上-216
巡回 上-146
循環路 上-222
巡視 下-118
消火用水 上-150
蒸気式集材機 下-125
小規模森林所有者 上-93, 136, 185 / 下-43, 57, 81
償却年数 上-161
商業間伐 上-113
使用権授与 下-43
昇降式 下-86
消防施設 上-204
消防林道 上-162, 204
初回間伐 上-105 / 下-59, 65, 81
職業訓練学校 上-115
植林 上-83, 84, 127 / 下-33, 35, 98, 151
植林地 上-208 / 下-139, 170
ショベルスキッディングシステム 下-106, 148
シングルグリップハーベスタ 下-43
シングルタイヤ 下-159
人材育成 上-107
新植 上-37
侵食 上-25, 28, 50, 51, 53, 55, 67, 96, 98, 100, 140, 146, 163, 164, 165, 172, 174, 202, 223 / 下-20, 25, 111, 115, 144, 150, 153, 155
薪炭林 上-216
進入路 下-82
森林改良法 下-66
森林火災（山火事） 下-173
森林基金 上-127
森林技術専門学校 上-107
森林教育 上-116
森林組合 上-217
森林経営基盤 上-94
森林経営計画 上-127, 142, 154, 192 / 下-39, 111, 113, 117, 172, 173
森林経営者 下-39
森林研修所 上-107
森林作業道 上-201, 206
森林作業道台帳 上-203
森林実務規程 下-110
森林所有者 上-77, 93, 110, 155, 156, 161, 162, 198, 217 / 下-17, 39, 43, 60, 65, 82, 91
森林施業計画 上-217
森林鉄道 上-34, 75 / 下-108, 122
森林内にある道路 上-160
森林認証 下-35, 40
森林プランナー 下-69
森林保護 下-19, 70

森林浴 上-169
水運 上-41 / 下-52, 65, 88, 125
水源涵養機能 下-169
水質 上-47, 69, 78, 83, 84, 216 / 下-18, 111, 118, 153
水上運材 上-37
水生生物 下-19, 46, 47, 113
水中貯木 上-37
スイッチバック 上-19, 22
水路 下-188
スイングヤーダ 下-95, 135, 142
スウェーデン森林研究所 下-48
スーパーシュノーケル 上-41
スーパーシングルタイヤ 下-31, 32
スカリファイヤ 上-89
スキー場 上-166, 170
スキッダ 上-64, 140, 183, 185, 209, 210, 214, 217 / 下-106, 150
スキッダ集材路 下-127
スキッダ道 下-151
スキャナー 下-139, 160
スケジューリング 下-104, 106
スタビライザ 上-106
スタンション 下-165
ステートエンタープライズ 上-216
ストロークデリマ 上-30
スナッピング式 上-151
スプーン形横断排水溝 下-112, 117, 118
スペアスコグ社 下-60
素掘り側溝 下-143
スマート・ロジスティクス 下-52
スモーキーベア 上-70
スラックライン式 下-143
スラブ橋 下-47, 48
スロベニアフォレストサービス 上-154, 192
スロベニア林業研究所 上-154
生活道路 上-116, 118 / 下-103
制限荷重 上-23, 27, 56
生産管理 上-82
生産林 下-43, 44, 91, 102, 172, 177
生産レポート 下-59
生態学的思想 上-95
生態系サービス 上-154
生態的価値 上-217
生態的多様性 上-42
生物多様性 上-44, 116, 119, 139, 147, 154, 208, 216 / 下-17, 19, 69, 176
生物的環境 上-47
堰 上-180
積載重量 上-143
積載量（積載重量） 上-83, 88, 187 / 下-31, 52, 66, 86, 87, 88, 89, 106, 143, 146, 149, 156, 162
施業委託 上-144
施工監理 上-196

231

施工基面	上-95／下-23, 24, 45
石灰岩	上-93, 96, 144, 146, 148, 178, 179, 182, 183, 212, 214, 221／下-136
石灰石	下-133
設計車両	下-182
設計速度	上-19, 46／下-45, 129, 158, 173, 181, 196, 197
接続部（取り付け部）	下-24, 25, 55
施肥	下-18, 92
ゼロ・エミッション	下-146
0次谷	下-118
繊維シート	上-48／下-80
旋回場	下-28
旋回場所	下-72, 83
線下作業	下-142
全幹集材	上-132, 140
遷急点（たな）	上-178／下-112, 136
洗掘	上-68／下-114, 115, 119
センサー	下-162
先住民	上-74, 84／下-43, 123, 126
船舶輸送	下-35, 52
漸伐	上-110, 183
選木	上-105, 154
全木集材	上-30, 85, 102, 133／下-65, 139
全盛土	上-20／下-22, 24, 26, 29, 81
走行性	下-45
走行速度	下-157
造材	上-140, 224／下-66
造林	上-17, 20, 36, 42, 141, 192, 201, 203, 216, 223／下-16, 34, 37, 58, 69, 76, 91, 92, 98, 134, 144
造林機械	上-113
造林費用	下-72
測量	上-195, 197／下-137
素材生産	下-67
素材生産業者	上-77, 217
側溝	上-21, 24, 28, 51, 55, 67, 96, 97, 98, 100, 103, 104, 111, 120, 146, 157, 163, 164, 179, 182, 190, 194, 208, 219, 220, 221, 223　下-55, 56, 57, 58, 59, 71, 78, 80, 83, 94, 104, 112, 114, 116, 118, 130, 131, 155, 173, 174, 177, 180, 182
側溝沈殿物	上-55
疎林	上-216, 223

【た行】

ターミナル	下-52
耐荷重	下-74, 177
大規模林道	下-197
台帳管理	上-154
待避所	上-101, 124, 187, 220／下-26, 55, 72, 182
タイヤ空気圧調節システム	下-32
耐用年数	上-20, 28／下-196
多基準アプローチ	下-177
多基準意思決定法	下-175
択伐	上-30, 32, 64, 101, 117, 121, 123, 140, 154, 163, 172, 183, 209, 213, 214, 221, 222　下-120
タグボート	上-37
ダスト（土埃）	上-21
ダスト緩和剤	上-50
ダストコントロール（土埃のコントロール）	上-50
ダスト抑制剤	上-50
立芝工	下-182
たな（遷急点）	上-178／下-94, 112, 136
谷沿い	下-17
ダブル暗渠	下-82, 83
ダブルウインチ	上-183, 185, 222
ダブルタイヤ	下-35
玉切り機	上-32
玉切りソー	上-64, 78
多目的利用	上-166, 208／下-40, 69
多目的林道	上-163
多様なリテンション集材	上-84
ダルガス父子	下-99
タワーヤーダ	上-41, 85, 86, 93, 122, 137, 140, 146, 151, 155, 180／下-95, 135, 139, 143, 152, 190
短幹集材	下-43, 59, 65
段切	下-131
段切工	下-182
淡水管理	下-153
ダンプトラック	下-83
単木間伐	上-84
地域振興	下-197
チェーンソー	上-82, 172, 184, 217, 222／下-145, 165
チェックダム	上-25
地下排水	上-59
地球温暖化	上-81
地球環境サミット	上-95
地質検査	下-46
チッパー	上-78, 88, 144, 181／下-57
チッピング	上-78, 88, 181／下-16, 57
チップ運搬車	上-88／下-16
チップ運搬船	上-37
チップソー	上-30, 33
地表の安定性	上-220
地方道	上-45, 123, 166／下-30, 103, 156, 174, 197
チャクラ	上-169
中間市場事業	下-164
中間土場	上-134, 182／下-76, 86, 156, 177
中継土場	上-16
駐車場	上-74, 120／下-27
中腹	上-93
中腹道路	下-111, 115, 118
長尺材	上-123, 188
直送	下-49

索引

貯木……………………………………… 上-180
貯木場…………………………… 上-102／下-89
沈下橋……………………………………… 下-170
沈床橋……………………………………… 下-131
沈殿物……………………………………… 上-146
ツーグリップハーベスタ……………………… 下-43
通行規制………………………… 上-157, 158, 160
通行権……………………………………… 下-22
ツーリスト…………………………… 上-142, 170, 217
ツーリズム……… 上-63, 77, 139, 156, 157, 166／下-69, 175, 176
土取場……………………… 下-26, 110, 119, 133
土埃………………… 上-21, 22, 50, 60, 87／下-121
土埃のコントロール…………………………… 上-50
積み替え…………………………………… 上-182
積み込み…………………… 上-41, 87, 133／下-149, 190
積み込み機械………………………………… 下-162
積荷場……………………………… 下-27, 28, 35
Ｔ字形方向転換部………………… 上-187／下-26
Ｔ接続……………………………………… 下-26
停止距離…………………………………… 上-19
ディシジョンメーカー（意思決定者）………… 上-115
低質材……………………………………… 下-156
泥炭… 上-95／下-15, 18, 22, 28, 29, 65, 69, 196
低地林……………………………………… 上-221
低木………………………………………… 上-221
低林………………………………………… 下-173
テザーシステム……………………………… 下-153
テザーマシン…………………………… 下-106, 153
データ収集システム…………………… 下-104, 106
テールブロック……………………………… 下-141
テールホールド……………………………… 下-142
テキスタイル………………………………… 下-80
鉄道………………………… 下-31, 35, 65, 87, 88
鉄道貨物…………………………………… 下-51
鉄道輸送…………………………………… 下-52
デッドマンアンカー…………………… 下-140, 143
鉄砲堰……………………………………… 下-124
デポ………………………………………… 下-16
デュアルタイヤ（ダブルタイヤ）…………… 下-159
デリマ……………………………………… 下-43
テルフォード式……………………………… 下-194
転圧………………… 上-96, 97, 225／下-133, 134
天地返し道路（反転道路）…………… 下-17, 29
天然下種更新……………………………… 下-92
天然更新…… 上-117, 172, 208, 214, 222／下-62
天然資源計画……………………………… 下-69
樋…………………………………… 下-131, 141
冬期道路…………………………………… 下-70
等高線沿い……………………… 上-97／下-17
透水性……………………………………… 上-107
到達道路………………………… 上-116, 123／下-196
到達率……………………………………… 上-130
道路安全…………………………………… 下-156
道路管理…………………………………… 上-51

道路区分………………………………… 下-71, 74
道路計画………………………………… 下-175, 176
道路構造…………………………… 上-18／下-45, 157
道路設計基準…………………………… 下-111, 112
道路設計の一貫性……………………………… 下-157
道路の権利………………………………… 上-57
道路の復旧………………………………… 下-129
道路摩耗係数……………………………… 下-32
道路摩耗数………………………………… 下-32
土工…………………………………… 下-22, 74
土工量……………………… 上-55／下-28, 112, 113
土質区分…………………………………… 下-73
土質分類…………………………………… 下-194
土砂流出…… 上-20, 47, 69, 78／下-18, 131, 132, 153
土砂流出防止………………………… 下-70, 115, 132
土砂流出量………………………………… 上-55
土壌改良剤………………………………… 上-119
土壌撹乱………………………… 上-85, 105／下-153
土壌侵食区分…………………………… 下-113, 115
土壌保護…………………………………… 上-84
土壌容積密度……………………………… 上-79
土壌露出…………………………………… 下-154
土地台帳…………………………………… 上-200
土地分類…………………………………… 下-22
土地保有権制度…………………………… 下-169
土地利用料………………………………… 上-143
土地倫理…………………………………… 下-126
土留め…………………………… 上-172／下-131
土留工……………………………………… 下-179
土場……… 上-41, 87, 102, 121, 140, 146, 180／下-33, 72, 83, 87, 88, 106, 111, 134, 137, 139, 140, 146, 148, 150, 152, 190, 191
ドライティンバー…………………………… 下-62
トラクションシステム………………………… 上-82
トラクタ……… 上-93, 100, 106, 117, 144, 172／下-174
トラクタ集材………………………… 上-163, 186, 213
トラクタ道………………………………… 下-93
トラクタ路………………………………… 下-173
トラスト森林……………………………… 上-84
トラック……… 上-22, 58, 67, 82, 87, 88, 96, 119, 121, 123, 124, 140, 143, 144, 146, 157, 159, 160, 179, 182／下-26, 31, 43, 44, 45, 49, 66, 67, 70, 76, 77, 81, 82, 84, 85, 99, 106, 112, 121, 133, 149, 150, 163, 166, 187
トラック運転手…… 上-83／下-32, 134, 147, 148, 162, 165
トラックスケール………………………… 下-162
トラック道…………………… 上-144, 213, 217, 218
トラック輸送……………………………… 下-104
トラック路網……………………………… 下-103
ドリーネ…………………………………… 下-114
トリグラフ国立公園……………………… 上-185
取り付け（部）（接続部）…………… 上-100, 104, 105

トレイル……………………………………… 下-16
トレーラ……… 上-19, 30, 33, 37, 53, 87, 96, 123,
　　124, 144, 157, 159, 160, 182, 186, 187／
　　下-16, 25, 31, 45, 53, 65, 85, 86, 87, 88, 89,
　　106, 140, 156, 159, 162, 165, 186
トロッコ……………………………………… 上-180
ドロマイト……………………………… 上-178, 214
ドロミテ地方………………………………… 上-178

【な行】

内部摩擦角…………………………………… 上-49
苗畑……………………………… 上-81, 216／下-144
長材……… 上-100, 102／下-139, 140, 162, 164
ナチュラ2000………………………………… 上-185
軟弱地………… 上-100／下-111, 118, 133, 153
軟弱地盤……………………………………… 上-21
軟弱土………………………………………… 上-50
軟弱土壌……………………………………… 上-20
ニッチ………………………………………… 下-176
荷下ろし土場………………………………… 下-54
2次…………………………………………… 下-196
2次道路………………………………… 下-127, 129
2段階作業場…………………………… 下-134, 139
荷縛り……………………………… 下-54, 148, 163
2次林…………………………………… 上-16, 37, 84
2次林道………… 上-17, 24, 218／下-173, 177
根株………………………………… 上-21, 172, 225
根白腐病……………………………………… 下-186
熱電併給プラント………………………… 下-52, 57
ネットゼロエネルギービルディング……… 上-128
ネルソンパイン社…………………………… 下-146
粘土質………………………………………… 下-138
燃料消費量…………………………………… 下-49
農業観光……………………………………… 下-91
農業バイオマス……………………………… 上-128
農業用トラクタ……… 上-132, 133, 144, 151, 172,
　　180, 184, 217, 222, 224／下-65, 186
農林道………………………………………… 下-78
ノースベンド式……………………………… 下-142
ノルウェー林業試験場……………………… 下-93

【は行】

パートナーシップ…………………………… 下-31
ハーベスタ…… 上-105, 113, 121, 172, 183, 184,
　　224／下-35, 59, 61
バイオオイル………………………………… 上-185
バイオディーゼル…………………………… 下-50
バイオマス（木質バイオマス）…………… 上-88
バイオマス植林……………………………… 下-34
ハイキング…………………………………… 上-166
ハイキングコース…………………………… 上-120
ハイキングルート…………………………… 上-170
背向曲線……………………………………… 上-123
配車スケジュール…………………………… 下-103
排水…………………………………………… 下-24

排水機能……………………………………… 上-50
排水施設……… 上-20, 124, 161, 165, 172, 190／
　　下-27, 46, 104, 112, 114, 118, 129, 131, 134,
　　146, 153, 173, 178, 196
排水路…………………… 上-174, 177／下-24, 29, 38, 130
ハイスタンプ………………………………… 下-62
配送スケジュール…………………………… 下-31
椪積み…… 上-123, 134, 183／下-27, 82, 86, 94,
　　105, 139, 140, 188
廃道……………………………… 上-20／下-151
ハイリード式………………………………… 上-41
パイロットフォレスト……………………… 上-132
ハウトラス…………………………………… 上-35
バケット…………………… 上-31, 225／下-84, 138
箱掘り………………………………………… 下-119
破砕帯………………………………………… 下-197
馬車…………………………………… 上-104, 194
播種……………………………………… 上-69／下-183
波状縦断勾配………………………… 上-55／下-81
波状縦断勾配排水…………………………… 上-53
馬橇…………………………………………… 下-43
伐開幅…………………………… 下-22, 23, 29, 114
伐根…………………………………………… 上-20
伐採面積……………………………………… 上-83
伐採保留……………………………………… 上-84
バッテリー暗渠……………………………… 下-132
伐倒機………………………………………… 下-145
バットリギング……………………………… 下-141
バッファゾーン……………………………… 上-222
パッフィンビリー森林鉄道………………… 下-108
パドヴァ大学………………………………… 上-141
バニャ・ルカ大学…………………………… 上-155
幅広タイヤ…………………………………… 下-32
馬搬……………………………… 上-214, 222／下-65
ハビタット…………………………………… 下-175
パブリックコメント………………………… 上-85
パン・パック社… 下-127, 129, 131, 134, 136, 161
バンクーバー島大学………………………… 上-42
搬出路……… 上-100, 101, 105, 111／下-111, 187
ハンター……………………………………… 下-37
反転道路（天地返し道路）…………… 下-17, 22, 29
ハンドカッター……………………………… 上-82
バンドリングマシン………………………… 下-33
ハンドレベル………………………………… 下-138
BC 州森林安全協議会……………………… 上-45
ピート…………………………………… 下-15, 29
ヒーリング…………………………………… 上-169
控索…………………………………… 下-140, 143
微気象………………………………………… 上-170
避走視距……………………………………… 上-19
ピックアップトラック……………………… 下-186
一人親方……………………………………… 下-81
避難集合場所………………………………… 下-106
避難路………………………………………… 上-90
ヒューム管……………………………… 上-100, 165

標識……上-22, 27, 35, 43, 51, 56, 58, 61, 73, 88, 96, 97, 103, 104, 112, 120, 143, 157, 162, 197, 198／下-35, 38, 55, 70, 78, 104, 121, 147, 158, 163, 164, 166, 176
費用対効果………………………………上-197
費用負担…………上-120, 161／下-34, 68, 77, 82
表面安定剤………………………………上-22
品質管理……………………………上-51／下-65
ファーストピープル……………………下-126
フィンランド天然資源研究所……………下-65
風倒木……………………………………下-33, 81
フェラーバンチャ………上-30, 78, 82, 89, 121, 下-43, 106, 144
フォークリフト…………………………下-149
フォーリングブロック式………………下-142
フォレスター…上-107, 115, 117, 119, 154, 157, 217／下-17, 99
フォレストサービス…上-161, 162, 166, 172, 180, 196, 197, 198, 200, 201, 202, 204, 205／下-15, 18, 19, 31
フォレストユニオン……………………上-139
フォワーダ…上-89, 93, 133, 146, 151, 172, 174, 180, 183, 224／下-35, 57
フォワーダ道……………………………下-81, 84
フォワーダ路……………………………下-196
付加体……………………………………下-197
幅員……上-113, 123, 163, 187, 224／下-55, 62, 81, 105, 107, 129, 146
腐植質……………………………………上-95
不織布……………………………………下-80
復旧工事…………………………………上-194
ふとん籠…………………………………上-150
船運………………………………………下-89
冬道………………………………………下-93
プラスチック製暗渠……………………下-79
ブルドーザ…………………………上-79／下-186
ブルントラント報告書…………………上-95
プロクター法……………………………上-95
プロセッサ…………………………………上-82, 121
文化遺産…………………………………下-19, 111
分散排水……上-24, 51, 53, 54, 97, 99, 104, 163, 223／下-81, 136
ヘアピンカーブ……上-96／下-37, 177, 178, 196
ヘイ………………………………………上-29
米国州道路交通運輸担当官協会………上-47
米国材料試験協会………………………上-50
兵站道……………………………………上-148
平面線形…………………………………上-96, 100
ベール……………………………………上-28
ベオグラード大学………………………上-218
ヘリコプタ………上-36, 93, 150, 162／下-37, 144
ペレット…………………………………上-93
変形係数…………………………………上-95
編柵………………………………………下-183
ホイールトラクタ…………上-140, 185, 210, 214

萌芽更新…………………………………下-185
防火帯………………………上-162, 204, 205／下-18
方向転換………………………………上-222／下-134
方向転換部………………………………上-187
崩積土……………………………………下-118
ポート アルバー二市………………………上-37
ポーランド森林法………………………上-127
補強土壁…………………………上-50, 60／下-176, 197
北米ジオシンセティックス協会………上-48
保護樹帯…………………………………上-83
保護地域…………………………………下-176
保護林……………………………上-208, 216／下-121
保残木……………………………上-39, 44／下-62, 69
保守作業…………………………………上-205
補助……上-93, 118, 127, 143, 185, 217／下-31, 43, 44, 66, 67, 77, 81, 92
捕水溝……………………………………下-71, 75, 114
舗装…………上-96, 111, 144／下-28, 45, 112, 118, 174
舗装材料…………………………………上-50
舗装林道…………………………………上-130
保存林……………………………………上-170, 185
歩道………………………………………下-175
ポリ塩化ビニル…………………………上-220
ポリシーミックス………………………下-68, 76
掘り取り…………………………………上-86
ポリプロピレン…………………………上-195
ボローニャプロセス……………………上-107

【ま行】

マウンテンバイク………………上-35, 146, 148, 166
マウンテンバイクトレイル……………下-16
マカダム舗装………………上-163, 164, 185／下-194
巻き枯らし………………………………下-122
マドリッド・ポリテクニック大学……上-223
丸太暗渠…………………………………下-117
丸太組…………上-59, 67, 152, 161, 179／下-179
丸太道……………………………………上-132
マルチ資源統計…………………………下-39
マルチディシプリナリー・アプローチ…下-177
マルチモーダル輸送……………………下-51
マルチユース……………………………下-66
マングローブ林…………………………下-188
水資源……………………………上-170／下-60
水飲み場…………………………………上-146
水爆弾……………………………………上-146
未舗装道路……………上-21, 47, 50, 51, 131, 218
メンテナンス……上-55, 128, 146, 156, 157, 160, 161, 190, 197, 199, 202, 205, 206, 209, 218／下-44, 47, 48, 59, 60, 68, 82, 83, 129, 133, 149, 165, 173
メンテナンス費用………………………下-131
メンデル大学……………………………上-136
モータリゼーション……………………下-191
モールクリークカルスト国立公園……下-121

木材輸送	下-30
木材流通	下-49
木質バイオマス	上-37, 128, 222／下-15, 82
木製構造物	下-48
木造高層階建築	下-64
モノンガヘラ国有林	上-63, 74
モバイルプラント	下-149, 162, 164

【や行】

薬剤散布	下-151
野生生物	上-203／下-176
野生生物管理	上-157
野生動物	上-43, 47, 110, 116, 197, 202, 216
野生動物管理	上-161, 217
野生動物保護	上-84
屋根型	上-96
山火事（森林火災）	上-22, 70, 90, 127, 140, 150, 162, 191／下-17, 37, 102, 177, 194
山火事対策林道	下-173
山﨑一	下-180
山元乾燥	下-156
有限要素法	上-48
湧水	上-24, 25
輸送機能	上-157
輸送計画	下-31
輸送コスト	下-65
輸送体系	下-51, 66
ユニバーシティ・カレッジ・ダブリン	下-39
ユフロ	下-189
養生	下-111
擁壁	上-59／下-173, 176, 177, 183, 196
ヨーロッパ森林研究所	下-65

【ら行】

ライフサイクルコスト	上-48, 49
ランニングスカイライン式	下-95
利害関係者	上-47, 161, 217／下-69, 76
リスク	下-22
リスクアセスメント	下-20
リスクマネジメント	下-16
リップラップ	上-25, 50, 60, 68, 下-114, 116, 119
リテンションシステム	上-42, 44, 83, 84
リモコン操作	上-183／下-86
隆起準平原	下-136, 140
流送	下-88
立木販売	上-144
リュブリャナ大学	上-153, 154
両切	下-22, 24
稜線	下-140
稜線道路	下-111
稜線林道	下-139, 152
緑化	下-183
林業遺産	上-75, 180
林業規則	上-18

林業協同組合	上-93
林業工学会議	上-55, 77
林業公社	上-139, 211, 214
林道構造	下-70
林業専用道	下-197
林業投資	上-203
林業林産大学	上-139
林地残材	上-84, 128／下-153
林道維持計画	上-166
林道開設	上-143／下-16, 18, 66, 70, 72
林道規格	下-45
林道規則	上-162
林道規程	上-143
林道区分	下-92
林道計画	上-142, 154／下-72, 173, 177, 195
林道工学	上-94／下-195
林道工事	上-106／下-123
林道作設教本	上-155, 179
林道整備	上-161／下-146
林道整備費	上-93
林道台帳	上-191, 200
林道評価	下-175, 177
林道マニュアル	下-16
林道密度	上-93, 118, 128, 130, 141, 155, 184, 209, 214, 217, 218／下-93, 107
林道網	上-93／下-44, 67, 70, 153, 176
林道網計画	下-177
林内走行路	下-36
林内歩道	上-144
レオポルド	下-126
レクリエーション（レジャー）	上-17, 22, 34, 45, 64, 73, 110, 111, 116, 120, 139, 156, 157, 161, 217／下-16, 17, 69, 72, 175, 194
レジャー（レクリエーション）	上-116, 120／下-68
列状間伐	下-33
連結道路	上-73, 117, 123
連結路	下-17
連邦工科大学	上-114, 116
連邦森林法	上-110
ロアナ共同体	上-142
老朽化	下-197
労働安全	下-110
労働安全衛生	下-53, 66
労働災害	上-82, 172
労働人口	上-37
労働負担	下-189
ローダ付トラック	下-86
ロードローラ	下-89
ローラ	下-133
ローリー	下-26, 65
路肩	上-24, 51, 57, 111, 112, 124, 144, 163, 164, 165, 194, 218, 219, 220, 223／下-59, 62, 78, 80, 112, 114, 118, 130, 173, 181
ロギングキャンプ	上-75

索引

路側 …………………………………… 下-24, 176
路床 ……………………………………… 下-173
路盤 ……………………………………… 上-19, 20
路盤幅 …………………………………… 上-18
路面硬化剤 ……………………………… 下-197
路面排水 ………………………………… 上-80
路網 ……………………………………… 下-66
路網開設 ………………………………… 下-153
路網規格 ………………………………… 下-129
路網計画 ……………………… 上-217／下-127, 134
路網整備 ……………………… 上-155／下-31, 103
路網の間隔 ……………………………… 上-100
路網配置 ……………………… 上-155／下-44, 152
路網密度 …… 上-130, 155／下-30, 134, 135, 146
路網密度理論 …………………………… 下-195
ロングブーム …………………………… 上-41

【わ行】

ワイポウア保護林 ………………… 下-124, 155
轍 ………………………… 上-20, 53, 55, 187
藁束 ……………………………………… 下-115

【A】

AASHTO ………………………… 上-47, 50／下-194
access road ………………… 上-116, 123／下-196
Adam Loret ……………………………… 上-126
AFS 2001:1 ……………………………… 下-53
AHP ……………………………………… 下-176
Algonquin Provincial Park …………… 上-32
American Association of State Highway
 and Transportation Officials … 上-47／下-194
American Society for Testing and Materials 上-50
Analytical Hierarchy Process ………… 下-176
armored ditch …………………………… 上-52
arterial …………………………………… 下-127
ASTM …………………………………… 上-50
Austroads ……………………………… 下-103

【B】

bale ………………………………… 上-28／下-115
bare soil area …………………………… 下-154
battery culvert crossing ……………… 下-132
BC州法森林実務規程 …………………… 上-18
BC Forest Safety Council …………… 上-45
BCFSC …………………………………… 上-45
bearing capacity ……………………… 下-45
belt diversion ………………………… 上-54
bench …………………………………… 下-131
berm …………………………… 上-57／下-131, 134
Best Management Practices …… 上-45, 46, 66／
 下-153
BMP … 上-45, 46, 55, 56, 66, 69, 78, 83／下-153
BOKU …………………………………… 上-107
borrow pit ……………………… 下-26, 119, 133
box cut ………………………………… 下-119
Brightwater …………………………… 下-139
broad-based dip ……………………… 上-53
BRUKS ………………………………… 下-57
BSA ……………………………………… 下-154
buck-saw ……………………………… 上-64
buffer strip …………………………… 上-69
Burlet ………………………………… 上-116, 123
butt-rigging …………………………… 下-141

【C】

cable-assist …………………………… 下-106, 144
cable assist felling …………………… 上-82
cable assist logging …………………… 上-82
camber ………………………………… 下-24, 153
carriage way (carriageway) … 上-157, 219／下-24,
 25, 130
Cass …………………………………… 上-75
CAT …………………………………… 下-106, 147
catch drain …………………………… 下-114
Caterpillar …………………………… 下-126
causeway ……………………………… 下-119

237

CBR 試験	下-194
Center for Dirt and Gravel Road Studies	上-60
Central Tyre Inflation	下-32, 149
chunk	上-84
CHP	下-53
ClimbMAX	上-82
close to nature	下-99
close-to-nature forest management	上-154
COFE	上-55
COFORD	下-16
COG	上-63, 75
Coillte	下-15
collector road	上-117, 123
Combined Heat and Power	下-53
commune road	上-143
comune	上-141
Comune di Roana	上-142
connecting road	上-117, 123
coppice forest	下-173
corduroy	上-21
corduroy log bridge	下-132
corduroy road	上-132
Council on Forest Engineering	上-55, 77
country road	下-135
county road	下-26, 28
Cowichan Lake Forest Research Station	上-36
Cradle Mountain	下-122
crossfall drainage	下-112
Crown forest	上-16／下-103, 126
crown section	上-52
CTI	下-32, 33, 38, 149, 163
CTL	下-43, 65
cul-de-sac road	下-26
curve widening	下-161
cut out	下-130
cut to length	下-43, 65

【D】

Dalgas	下-99
dam	下-124
dead man anchor	下-140
Decision Support System	下-39
degraded forest	下-172
dirt road	上-131
disperse flows	下-53
Doppstadt	下-33
drain	下-24
DSS	下-39
dust control	上-50
dust palliative	上-50
dust suppressant	上-50

【E】

EA	上-47
EIA	下-19
Eidgenössische Technische Hochschule	上-114
energy plantation	下-184
engineered tracks	下-28
Environmental Analysis Process	上-47
Environmental Code	下-46
Environmental Impact Assessment	下-19
Environmental Science, Policy and Management	上-51
ESPM	上-51
establishment track	下-127
ETH	上-114
European Forest Institute	下-65

【F】

FAO	上-94, 116, 215／下-194, 196
farm tourism	下-91
FEC	下-142
feeder road	下-112, 196
FERIC	上-16
FETEC	下-175
FIO	下-184
fire safety road	下-173
first people	下-126
flume	下-131
FMG Timberjack	上-113
ford	下-119
forest and agriculture road	下-78
forest cultures	上-216
Forest Districts	上-127
Forest Engineering and Technology	下-175
Forest Enterprise	上-207, 211
Forest Fund	上-127
Forest Improvement Act	下-66
Forest Industry Organization	下-184
forest path	上-144
Forest PHO	下-104
Forest Practices Code of British Columbia Act	上-18
forest road	上-218
Forest Road Manual	下-196
Forest Road Regulation	上-18
forest trail	上-144
Forestry Agency	下-44
Forestry Tasmania	下-120
forestry work manager	下-21
formation	下-24
Forststrasse	上-96, 103, 104, 112
forwarding trail	下-196
FPInnovations	上-16, 45
freight infrastructure	下-103
freshwater management	下-153
FSC	上-136／下-16, 33, 134, 146
full cutting	上-22
full embankment	上-22
FWM	下-21

【G】

geomembranes	上-48
geometric design	下-45
geosynthetics	上-48／下-133
geotextiles	上-48
GG Bled	上-185
GIS	下-31, 35, 69, 175, 177
GOZD Ljubljana社	上-182
GPS	下-32, 35
gravity式	下-146
Green Diamond Resource Co.	上-87
Greifenberg	上-146
GRenar Och Toppar	下-57
GROT	下-57, 82
ground based	下-143
Güterstrassen	上-123

【H】

Hafner	上-123, 155／下-196
Hancock Forest Management (NZ) Ltd	下-143, 163
Hannonen	下-86
hairpin bend	下-25
harvest tracks	下-28
haul road	上-58／下-196
hauler pad	下-134, 139
hay	上-29
Herzog	上-121
hi vis	下-164
high forest	下-173
high visibility	下-164
hoechucker	上-41
Homeforester	下-39
Hoyos Forest Enterprise	上-104
Hrvatske Šume	上-207
HVP plantations	下-104, 106

【I】

ice road	下-70
ice storm	上-180
INAB	下-52
Inslope with ditch section	上-52
integrated logistics	下-164
International Forest Engineering Conference	下-142

【J】

Jentz	下-33
John Deere	上-113／下-33, 104, 106, 147

【K】

Kajavala Forestry Limited	下-164
KEMERA法	下-67, 77
Kesla	下-65, 81, 86, 88
Keto	下-81
KFL	下-164
Kinsol Trestle	上-34
Kochenderfer	上-67
Koller	上-86／下-190
Komatsu Forest AB	下-59, 106
Konrad	上-121／下-95

【L】

land ethic	下-126
land tenure	下-43, 169
landscape design	上-156
Lasy Państwowe	上-127
late cleaning	上-130
LCCA	上-48
Life-Cycle Cost Analysis	上-48
Lindner	上-184
Link-Belt	上-83
loading bay	下-27
local association	上-161
local community	上-161
local municipal road	上-45
local road	上-166／下-30, 135
log hauler	下-125
logging railway	上-34
logging spur road	上-83
log value recovery	下-164
lorry	下-26, 45
lowland forest	上-221
low-volume forest road	下-174, 177
low-volume road	上-46／下-156, 197
Luke	下-65
lumberjack	下-125
LVR	上-46, 51, 57, 58
Lycksele 森林博物館	下-43

【M】

MacMillan Bloedel	上-41
Madill	上-41／下-146
main forest road	上-157, 160
main road	上-144
maintenance	上-156
maxi wide tyres	下-32
Mayr-Melnhof	上-180
MCDM	下-176
mechanically stabilized earth	上-50
Mendel University in Brno	上-136
MERA プログラム	下-66
Mercedes-Benz	下-89
metal	下-131
Metsähallitus	下-68, 69
Metsäteho Oy	下-70
mid market business	下-164
midslope road	下-111, 118
military road	上-148

mobile plant	下-149
Mole Creek Karst	下-121
Monongahela National Forest	上-63
mountain ash	下-108
MRI	下-39
MSE	上-50
MU	下-66
Multi-Criteria Approach	下-177
Multi Criteria Decision Making	下-175
multi-disciplinary approaches	下-177
multipurpose use	上-154
Multi-Resource Inventory	下-39

【N】

Nation Building Program	下-122
National Council for Forest Research and Development	下-16
National University of Forestry and Wood Technology	上-139
Natura 2000	上-185
natural bench	下-112
Natural Resources Canada	上-45
Natural Resources Institute Finland	下-65
Nelson Madill	下-135
Nelson Pine Industries Ltd	下-146
North American Geosynthetics Society	上-48
North Bend	下-142
Norwegian Forest Research Institute	下-93

【O】

off road national way	下-16
old growth	上-36
on-board scale	下-162
Operational Planning Regulation	上-18
Our Common Future	上-95
outslope	上52, 53／下-112
overlanding	上-40
Owren	下-95

【P】

Pan Pac Forest Products Limited	下-127
papa	下-136
passing place	上-220／下-26
PEFC	上-136／下-16
Personal Protective Equipment	下-164
pet network	上-170
Peterson	上-88
PF Olsen	下-142
pit	下-151
Plenter forest	上-117
Polytechnic University of Madrid	上-223
Ponnse	下-33
Port Alberni	上-37
PPE	下-164
PractiSFM	下-39

primary	上-17／下-62, 112, 196
private road	下-44
private forest road	下-78
productive forest	下-172
public road	上-161
Puffing Billy Railway	下-108
PVC	上-220

【Q】

quarry	下-110, 119, 133

【R】

racks	下-28
radio controlled choker	下-144
Regional Directorate of State Forest in Krakow	上-130
Regional Directorates	上-127
rehabilitation	上-20／下-69, 130
resource road	上-45
Resource Road Program	上-45
retain for scenic value	下-111
retaining structure	上-59
retention system	上-42, 84
retention tree group	下-69
reversal road	下-17, 29
ridge top road	下-118
ridgetop roading	下-111
right of way	上-57
right-of-way	下-22, 34
riprap (rip rap)	上-25, 50／下-114, 116
road in forest	上-160
road prism	上-18
road restore	下-129
road stream crossing	下-153
road wear factor	下-32
road wear numbers	下-32
rolling dip	上-53
Rotorua Forest Haulage Ltd	下-165
round about	上-124
RRP	上-45
Rückegassen	上-100
Rückewege	上-100
rural road	下-103, 156, 157, 197

【S】

Safety Guide	上-45
safety strategy	下-157
Sampo	下-81
Samset	下-93
sanitary cutting	上-140
Satco	下-143, 147
scabbing	下-139
scarification	下-92
scenic highway	上-73
Schuberg	下-195

Seán MacBride	下-14
secondary	上-17／下-127, 196
security of supply	下-15
sediment	上-146
sediment control	下-132
sediment trap	下-115
self-explaining road	下-157
SFI	上-83
SFM	下-39
SGG Tolmin社	上-155, 180
shade strip	上-69
Shay	上-75
sheet flow	上-51
shoulder	上-57／下-130
side forest road	上-157, 160
sinkhole	下-114
skid road	上-64, 209
skid trail	上-66, 128, 130, 141
skidder track	下-127
skidding line	上-144
skidding road	上-3, 163, 172, 174, 209, 218
skidding trail	上-3, 144, 174, 183, 214, 218／下-196
Skogforsk	下-48
slackline	下-143
slash barrier	下-154
slash filter	下-154
Slovenia Forest Service	上-154
Slovenian Forestry Institute	上-154
SMZ	上-69
snag	上-44, 84
snigging	下-111, 118
soft ground	上-21
soft soil	下-133
spoon drain	下-112, 118
spur	下-127
spur road	下-112
stable angle	上-18
stakeholder	上-217
State Enterprises	上-215, 216
state forest	上-154
State Forest NFH	上-127
State Forestry Association (SFA) "Lvivlis"	上-139
State Forestry Enterprise	上-139
Statskog SF	下-92
stream buffer	上-83
stream side reserve	下-111
streamside management zones	上-69
strip road	下-196
subdrainage	上-59
subgrade	上-19
subgrade width	上-18
susceptibility	下-25
supersnorkel	上-41
supply depots	下-16
sustainable forest management	下-39
Sustainable Forestry Initiative	上-83
Sveaskog	下-43, 60
SWOT分析	下-175

【T】

2-stage away	下-134, 140
tail block	下-141
tailhold	下-142
temporary track	下-112
terrace-sodding works	下-182
terrain stability	上-220
tertiary	上-17
tether machine	下-106
tether system	下-150, 153
tethered felling unit	下-145
tethered steep slope felling machine	下-144
TFE	上-137
think first	下-142, 146
thinning	上-130
Thunderbird	下-142
Tigercat	下-145
timber jack	下-125
Timberjack	上-214, 224／下-36
tracks	下-28
traction system	上-82
traction-assist	下-106
trafficability	下-45
trail	上-66, 70／下-16
Training Forest Enterprise Masaryk Forest Křtiny	上-137
Transportation Research Board	上-46
traveled way	上-57
TRB	上-46
tree clearance	下-23
tree farm	上-81
Trigrav	上-185
turnable	上-187
turning place	下-26
two staging operations	下-134, 139

【U】

UCD	下-39
Umeå Energi	下-52
Uniforest	上-184
Università di Padova	上-141
Universität für Bodenkultul Wien	上-107
University College Dublin	下-39
University of Agriculture in Krakow	上-126
University of Banja Luka	上-155
University of Canterbury	下-153
University of Kentucky	上-77
University of Ljubljana	上-153
University of Vancouver Island	上-42
University of Zagreb	上-208

Univerzitet u Beogradu	上-218
upgrade	下-103
upgrade roading	下-129

【V】

Valentini	上-151
Valmet	上-105／下-33, 35
Valtra	下-81
value bucking	下-66
Variable Retention Harvest	上-84
Vilpo	上-183
Volvo	下-88
VRH	上-84

【W】

Waldstrasse	上-112
Waipoua	下-124, 126
Walderschliessung	上-94, 111／下-195
Waldstrassenbau	上-94／下-195
Waldverband	上-93
Waldweg	上-112
Waratah	下-106, 147
Washington	下-143
water bar	上-66
water bomb	上-146
water table drain	下-130
weed environment control	下-151
Welte	上-185
wetland	上-84
West Virginia University	上-64
wetland	上-45
Weyerhaeuser	上-42
white root disease	下-186
winch-assist	下-106, 143, 150
woods road	下-111

【Z】

ZEB	上-128
Zöggeler	下-95
ZTS	上-140, 178, 210, 214

用語索引

本書掲載の林道に関連する用語をリストアップします。
聞き取りの際の用語も含まれ、必ずしも公用的に使われているわけではありません。
国による違いや方言もあります。

【A】

access road　到達道路／スイス連邦 …… 上116
access road　到達道路／FAO ………… 下196
annual road in forest　通年利用の
　　森林内にある道路／スロベニア共和国 … 上160
armored ditch　石で覆った側溝
　　／アメリカ合衆国 ………………………… 上52
arterial　幹線道路／ニュージーランド …… 下127

【B】

belt diversion　ゴム板横断排水
　　／アメリカ合衆国 ………………………… 上54
bench　段切／ニュージーランド …………… 下131
borrow pit　土取場／アイルランド ………… 下26
buffer strip　緩衝帯／アメリカ合衆国 ……… 上69
battery culvert crossing　バッテリー暗渠
　　／ニュージーランド ……………………… 下132

【C】

camber　かまぼこ型の横断面／アイルランド … 下24
carriage way　車道／スロベニア共和国 … 上157
carriageway　車道／セルビア共和国 …… 上219
catch drain　捕水溝／タスマニア ………… 下114
causeway　敷石による道／タスマニア … 下119
collector road　集荷道路／スイス連邦 … 上116
commune road　共同体道／イタリア共和国 上143
connecting road　連結道路／スイス連邦 上117
corduroy log bridge　丸太を並べた洗い越し
　　／ニュージーランド ……………………… 下132
corduroy road　丸太道／ポーランド共和国 上132

commune road　共同体道
　　／イタリア共和国 ……………………… 上143
county road　州道／アイルランド …… 下26, 28
country road　地域の道路
　　／ニュージーランド …………………… 下135
crown section　凸型横断面
　　／アメリカ合衆国 ……………………… 上52
cul-de-sac road　行き止まりの道
　　／アイルランド ………………………… 下26
cut　切土／カナダ ………………………… 上18
cut　切土／ニュージーランド …………… 下131
cut slope　切土のり面／アメリカ合衆国 …… 上57

【E】

engineered track(s)　キャンバーがついた
　　集材路／アイルランド ………………… 下28
establishment track　作業道
　　／ニュージーランド …………………… 下127

【F】

feeder road　支線（カナダでは3次）／FAO
　　……………………………………………… 下196
fill　盛土／ニュージーランド ……………… 下131
fill slope　盛土のり面／カナダ …………… 上18
fill slope　盛土のり面／アメリカ合衆国 …… 上57
fire prevent road　山火事防止道路
　　／トルコ共和国 ………………………… 下173
fire safety road　山火事対策道路
　　／トルコ共和国 ………………………… 下173
forest and agriculture road　農林道
　　／フィンランド共和国 ………………… 下78
forest path　林内歩道／イタリア共和国 … 上144

243

forest road　林道／イタリア共和国 ……… 上143
forest road　トラック道／セルビア共和国… 上218
forest trail　林内歩道／イタリア共和国 … 上144
Forststrasse　林道／オーストリア共和国
………………………………………… 上96, 103
Forststrasse　林道／ドイツ連邦共和国…… 上112
forwarding trail　フォワーダ路／FAO… 下196
freight infrastructure　トラック路網
／オーストラリア連邦 …………………… 下103
full cutting　両切／アイルランド …………… 下22
full embankment　全盛土／アイルランド … 下22

【G】

Güterstrassen　小さな地方道／スイス連邦
………………………………………………… 上123

【H】

hairpin bend　ヘアピンのような屈曲部
／アイルランド ………………………………… 下25
harvest tracks　集材路／アイルランド …… 下28
haul road　運材道路／FAO……………… 下196
hauler pad　架線集材の土場／ニュージーランド
……………………………………………… 下140

【I】

inslope with ditch section　側溝付き
内傾横断面／アメリカ合衆国 ……………… 上52

【L】

lightly trafficked road　低交通量道
／スウェーデン王国 ………………………… 下44
loading bay　ベルの口の形をした積荷場
／アイルランド ……………………………… 下27
local municipal road　地方道／カナダ … 上45
local road　地方道／スロベニア共和国…… 上166
local road　地方道／アイルランド ………… 下30
local road　地域の道路／ニュージーランド 下135

logging spur road　作業道／アメリカ合衆国 上83
lorry　ローリー（ここではトラック）
／アイルランド ……………………………… 下26
lorry　ローリー（ここではトラック）
／スウェーデン王国 ………………………… 下45
lorry　ローリー（ここではトレーラ）
／フィンランド共和国 ……………………… 下65
low-volume forest road　交通量の
少ない林道／トルコ共和国
……………………………………… 下174, 177
low-volume road　少ない交通量の道
／アメリカ合衆国 …………………………… 上46

【M】

main forest road　幹線林道／スロベニア共和国
…………………………………………… 上157, 160
main road　幹線／イタリア共和国 ……… 上144
main road　幹線／FAO ………………… 下196
mechanically stabilized earth, MSE
補強土壁／アメリカ合衆国 ………………… 上50
metal　敷砂利／ニュージーランド …… 下131
midslope road　中腹道路／タスマニア … 下111
military road　軍用道路（兵站道）
／イタリア共和国 …………………………… 上144
municipal road　市町村道
／スウェーデン王国 ………………………… 下44

【N】

national road　国道／アイルランド………… 下30
natural bench　たな（遷急点）／タスマニア 下112
new roading　道路の新規開設／ニュージーランド
……………………………………………… 下129

【O】

outslope section　外傾横断面
／アメリカ合衆国 …………………………… 上52
overlanding　全盛土／カナダ …………… 上20

【P】

pet network　ペットを連れて散策できる道
　　／スロベニア共和国 …………………… 上170
primary　1次／カナダ ………………… 上17
primary　1次／スウェーデン王国 …………… 下62
primary　1次／FAO………………… 下196
private forest road　私有林道／フィンランド共和国
　　………………………………………… 下78
private road　私道／スウェーデン王国 …… 下44
province road　県道／イタリア共和国 … 上143
public road　公道／スロベニア共和国 …… 上161

【R】

racks　集材路／アイルランド ……………… 下28
regional road　州道／アイルランド………… 下30
rehabilitation　再建／カナダ ……………… 上20
rehabilitation　再建／フィンランド共和国 … 下69
rehabilitation　再建／ニュージーランド … 下129
resource road　資源道／カナダ …………… 上45
re-strengthening　補強／アイルランド …… 下30
reversal road　反転道路（天地返し道路）
　　／アイルランド ……………………… 下17, 29
ridge top road　稜線道路／タスマニア … 下118
ridgetop roading　稜線道路の開設
　　／タスマニア……………………………… 下111
right-of-way　通行許可のいる道路
　　／アイルランド ……………………… 下22, 34
road in forest　森林内にある道路
　　／スロベニア共和国 …………………… 上160
road restore　道路の復旧／ニュージーランド
　　………………………………………… 下129
road subgrade　路盤／カナダ …………… 上18
rolling dip　波状縦断勾配排水
　　／アメリカ合衆国 ………………………… 上53
Rückegassen　搬出路・自然路
　　／オーストリア共和国 ………………… 上100

Rückewege　集材道（機械道）
　　／オーストリア共和国 …………………… 上100
rural road　地方道／オーストラリア連邦 … 下103

【S】

scenic highway　景色の美しい道路
　　／アメリカ合衆国 ………………………… 上73
secondary　2次／カナダ ………………… 上17
secondary　2次道路／ニュージーランド
　　………………………………………… 下127
secondary county road　2次県道
　　／スウェーデン王国 ……………………… 下44
secondary road　2次／FAO ……… 下196
sediment control　土砂流出防止
　　／ニュージーランド ……………………… 下132
self-explaining road　自明の道路
　　／オーストラリア連邦 …………………… 下157
shade strip　日陰緩衝帯／アメリカ合衆国 … 上69
sheet flow　分散排水／アメリカ合衆国 …… 上51
side forest road　支線林道／スロベニア共和国
　　………………………………………上157, 160
skid road　集材道／アメリカ合衆国 ………… 上66
skid road　集材道／クロアチア共和国 …… 上209
skid trail　集材路／アメリカ合衆国 ………… 上66
skid trail　集材路／ポーランド共和国 …… 上128
skid trail　集材路／イタリア共和国 ……… 上141
skidder track　スキッダ集材路
　　／ニュージーランド ……………………… 下127
skidding line　ウインチの集材線
　　／イタリア共和国 ……………………… 上144
skidding road　集材道／スロベニア共和国
　　…………………………… 上163, 172, 174
skidding road　集材路／セルビア共和国… 上218
skidding trail　集材路／イタリア共和国 … 上144
skidding trail　集材路／スロベニア共和国
　　……………………………………… 上174, 183

skidding trail　集材路
　　　／ボスニア・ヘルツェゴビナ ……………… 上214
skidding trail　集材路／セルビア共和国
　　　………………………………………… 上218
skidding trail　集材路／FAO ………… 下196
snigging　地引き集材／タスマニア … 下111, 118
spoon drain　スプーン形横断排水溝
　　　／タスマニア……………………………… 下112
spur　支線道路／ニュージーランド ………… 下127
state road　国道／スウェーデン王国………… 下44
stream buffer　渓流緩衝帯
　　　／アメリカ合衆国 ……………………… 上83
stream crossing　河川横断／ニュージーランド
　　　………………………………………… 下153
strip road　作業道／FAO ……………… 下196
subdrainage　地下排水／アメリカ合衆国 … 上59
subgrade　路盤／アメリカ合衆国 …………… 上57
supply depots　中継土場／アイルランド … 下16

【T】

tertiary　3次／カナダ ……………………… 上17
tertiary county road　3次県道
　　　／スウェーデン王国 …………………… 下44
tether system　ウインチ補助付き車両系
　　　システム／ニュージーランド ………… 下150
track(s)　集材路／アイルランド …………… 下28
traction-assist　ウインチ補助付き車両系
　　　システム／オーストラリア連邦 ………… 下106
trail　散策路／アメリカ合衆国 ………………… 上70
traveled way　車道／アメリカ合衆国 ……… 上57

【U】

upgrade roading　道路の高規格化
　　　／ニュージーランド ………………下129, 163

【W】

Waldstrasse　林道／ドイツ連邦共和国 … 上112
Waldweg　小さめの林道／ドイツ連邦共和国
　　　………………………………………… 上112
water bar　横断排水溝／アメリカ合衆国 …… 上66
water bar　止水のために積んだ丸太
　　　／タスマニア……………………………… 下117
water table drain　側溝／ニュージーランド
　　　………………………………………… 下131
winch-assist　ウインチ補助付き車両系システム
　　　／オーストラリア連邦 ………………… 下106
winch-assist　ウインチ補助付き車両系システム
　　　／ニュージーランド ………………下143, 150
woods road　搬出路／タスマニア ……… 下111

著者紹介

酒井 秀夫

茨城県生まれ。東京大学農学部林学科卒業、本州製紙株式会社、東京大学農学部助手、宇都宮大学農学部助教授、東京大学農学部助教授、東京大学大学院農学生命科学科教授を経て東京大学名誉教授。農学博士。

研究テーマ

「持続的森林経営における森林作業」を柱に、「森林機械化作業における最適作業システムと林内路網計画」、「森林の空間利用のための基盤整備」、「水土保全を考慮した間伐作業システムの構築」、「里山における森林バイオマス資源の収穫利用」「林業サプライチェーン・マネジメント」など

著書

「作業道－理論と環境保全機能」全国林業改良普及協会、2004

「作業道ゼミナール－基本技術とプロの技」全国林業改良普及協会、2009

「林業生産技術ゼミナール　伐出・路網からサプライチェーンまで」全国林業改良普及協会、2012

「人と森の環境学」(共著)東京大学出版会、2004

「道づくり技術の実践ルール　路網計画から施工まで」(共著)全国林業改良普及協会、2012

「中間土場の役割と機能」(共著)全国林業改良普及協会、2015

「林地残材を集めるしくみ」(共著)全国林業改良普及協会、2016

吉田 美佳

埼玉県生まれ。東京大学農学部卒業、同大学院農学生命科学研究科博士課程修了。農学博士。現在、筑波大学生命環境系にて日本学術振興会特別研究員(PD)。

博士課程では燃料用木質バイオマスのチッピングを主軸に、木質バイオマスのサプライチェーンマネジメントを研究。現在は輸送システムやサプライチェーンマネジメントの情報システム、森林資源社会学に研究範囲を広げている。

論文、著書等

「Studies on Harvesting and Supply Chain Management of Wood Chip for Energy」(東京大学博士学位論文)

他に、論文としてチッパーの機種選択(Journal of Forest Research 22(5), 262-273、2017年)をはじめ、木質バイオマスの輸送システム、林道工法、チッピング、フォワーダ作業など。

世界の林道　上巻

2018年9月15日　　初版発行

著　者　　酒井　秀夫　吉田　美佳

発行者　　中山　聡

発行所　　全国林業改良普及協会
　　　　　〒107-0052　東京都港区赤坂1-9-13 三会堂ビル
　　　　　電話　　03-3583-8461（販売担当）
　　　　　　　　　03-3583-8659（編集担当）
　　　　　FAX　　03-3583-8465
　　　　　e-mail　zenrinkyou@ringyou.or.jp
　　　　　HP　　http://www.ringyou.or.jp/

デザイン　野沢 清子（株式会社エスアンドピー）

印刷・製本所　　松尾印刷株式会社

©Hideo Sakai, Mika Yoshida 2018
Printed in Japan　ISBN978-4-88138-362-9

本書掲載の内容は、著者の長年の蓄積、労力の結品です。本書に掲載される本文、図表、イラストのいっさいの無断複写・引用・転載を禁じます。

一般社団法人 全国林業改良普及協会（全林協）は、会員である47都道府県の林業改良普及協会（一部山林協会等含む）と連携・協力して、出版をはじめとした森林・林業に関する情報発信および普及に取り組んでいます。
全林協の月刊「林業新知識」、月刊「現代林業」、単行本は、次のURLリンク先の協会からも購入いただけます。

　　http://www.ringyou.or.jp/about/organization.html
　　〈都道府県の林業改良普及協会（一部山林協会等含む）一覧〉